Maple 在水文学中的应用

童海滨　杨仕琪　郭　萃　等 著

地理学河南省优势学科建设工程
国家自然科学基金（41902251）
国家自然科学基金（51309093）　　联合资助
国家自然科学基金（41807066）

科学出版社

北　京

内 容 简 介

本书简要介绍了计算机代数系统 Maple 软件的技术特征，并以该软件为基础，给出了 Maple 语言在水文学领域几个常见方向（如降水与蒸发、地表水及流域产汇流、地下水问题、水文统计与水文预报、水污染及水质模型与同位素水文）中的应用。针对每个方向，各章都简要介绍了其中的基本概念并列举了典型问题，给出了解决这些问题的基本流程图、相应的 Maple 程序源代码和函数，以及程序运行的结果截图。

本书适合有初步编程常识和基本水文背景的读者阅读，也可以作为水文专业本科生和研究生的辅助教材及教学参考用书。同时，本书可以帮助水文工作者和研究人员快速实现计算机代数系统在水文学研究中的应用，从而减轻数学计算特别是符号计算的繁重负担。

图书在版编目（CIP）数据

Maple 在水文学中的应用 / 童海滨等著. —北京：科学出版社，2020.6

ISBN 978-7-03-065188-4

Ⅰ. ①M⋯　Ⅱ. ①童⋯　Ⅲ. ①工程计算－应用软件－应用－水文学－研究　Ⅳ. ①P33

中国版本图书馆 CIP 数据核字（2020）第 085880 号

责任编辑：曾佳佳　黄　梅　程雷星/责任校对：杨聪敏
责任印制：吴兆东/封面设计：许　瑞

科学出版社 出版

北京东黄城根北街 16 号
邮政编码：100717
http://www.sciencep.com

北京厚诚则铭印刷科技有限公司印刷
科学出版社发行　各地新华书店经销

*

2020 年 6 月第　一　版　开本：720 × 1000　1/16
2024 年 8 月第二次印刷　印张：13 1/4
字数：267 000

定价：99.00 元

（如有印装质量问题，我社负责调换）

作者名单

童海滨　杨仕琪　郭　萃　鞠　磊　孙莹莹　王春萌
郑金丽　施函廷　王慧慧　李柳阳　王宗志　谭艳美
周　静　牛作顺　王功雪　丁艳霞　葛世帅　辛向阳
李　冰　海骏娇　王　品　王　艺　王　蒙　陈　丽
张乐涛　马喜荣

前　　言

　　水文学研究与人类生产实践息息相关，人类生存和社会发展需求是水文学发展的根本驱动力，而技术进步则为水文学研究的发展奠定了基础。与其他自然学科不同，水文学是"不纯粹"的，水文现象具有随机性和不确定性，不能直接拿实验室里得出的结论往野外照搬；水文学需要结合多学科进行研究，研究者除了掌握自身领域的知识外，还需要知晓气象学、环境学、地质地貌学等领域的基本常识；水文过程具有高度复杂性，以及为掌控上述复杂性而设置的众多自动观测设备所带来的海量数据，这就对研究人员提出了更高的要求。Maple 作为世界上通用的数学和工程计算软件之一，对从简单的数字计算到高度复杂的非线性问题，特别是符号计算领域的问题，都可以进行快速、高效的处理。友好的人机交互界面和计算的前后处理，可以使研究人员摆脱烦琐的计算困扰，专注于水文模型本身的物理意义、水文过程本身的实际含义，因此，Maple 软件与水文学的结合将大大提高研究效率，更好地推动水文学发展。

　　本书共 7 章，从第 1 章简单介绍 Maple 软件的技术特征开始，在后续章节中陆续讨论了 Maple 软件在各种常见水文学问题中参与运算的过程，分为降水与蒸发、地表水及流域产汇流、地下水问题、水文统计与水文预报、水污染及水质模型、同位素水文；每一章，都分别介绍了其中的基本概念并列举了典型问题，给出了解决这些问题的程序流程图、相应的 Maple 程序源代码和函数说明，以及程序运行的结果截图。本书涉及 Maple 功能的基本应用，并覆盖了水文学的大部分基础分支领域，内容易于掌握，比较适合水文学专业的本科生学习。同时，也可以作为研究生和科研人员利用 Maple 软件解决水文问题的参考教程。

　　本书在撰写过程中，参考了众多同行的研究成果或著述。在水文背景知识、典型算例的选取等方面，主要参考了以下著作：Sharp 和 Sawden 的 *Basic Hydrology*、詹道江和叶守泽的《工程水文学》、薛禹群的《地下水动力学（第二版）》、沈晋等的《环境水文学》、顾慰祖等的《同位素水文学》等。在 Maple 编程技巧与函数用法方面，主要参考了李世奇和杜慧琴的《Maple 计算机代数系统应用及程序设计》、何青和王丽芬的《Maple 教程》。同时，也引用了其他诸多专家学者的论著与成果，谨向他们表示诚挚的感谢。

　　本书创作历时五年，凝聚了众多作者的心血，呈现在读者面前时，已经过了多次的"改良"。创作过程中，得到了来自多方面单位和人员的支持和鼓励，在此，向为本书出版做出不懈努力的众多协作者以及科学出版社南京分社的相关工作人员表达深深的谢意。

本书的出版得到了地理学河南省优势学科建设工程、国家自然科学基金的资助以及众多同行的支持，特此向支持和关心作者科研工作的所有单位和个人表示衷心的感谢。

由于本书涉及大量源代码、函数以及程序运行过程的截图，加上水平所限，书中疏漏之处在所难免，欢迎专家学者和广大读者斧正，以便将来增补更新。

杨仕琪

2020 年 4 月 8 日

目　　录

第1章 绪 论

1.1 Maple 简介

Maple 是目前世界上最为通用的数学和工程计算软件之一，在数学和科学领域享有盛誉，有"数学家的软件"之称。Maple 被广泛应用于科学、工程和教育等领域，在全球拥有数百万用户，渗透全世界超过 96%的高校、研究院所和超过 81%的世界财富五百强企业。

Maple 系统内置高级技术解决建模和仿真中的数学问题，包括世界上最强大的符号计算、无限精度数值计算、创新的互联网连接、强大的 4GL 语言等，内置超过 5000 个计算命令，数学和分析功能覆盖几乎所有的数学分支，如微积分、微分方程、特殊函数、线性代数、图像声音处理、统计、动力系统等（何青和王丽芬，2015）。

Maple 不仅仅提供编程工具，更重要的是提供数学知识。从简单的数字计算到高度复杂的非线性问题，Maple 都可以进行快速、高效的处理。用户通过 Maple 产品（李世奇和杜慧琴，1999）可以在单一的环境中完成多领域物理系统建模和仿真、符号计算、数值计算、程序设计、技术文件、报告演示、算法开发、外部程序链接等功能，满足从高中学生到高级研究人员各个层次用户的需要，是科学家、工程师、学生必备的科学计算工具之一。

1.2 Maple 的技术特征

1.2.1 强大的求解器

（1）内置超过 5000 个符号和数值计算命令，覆盖几乎所有的数学领域，如微积分、线性代数、方程求解、积分和离散变换、概率论和数理统计、物理、图论、张量分析、微分和解析几何、金融数学、矩阵计算、线性规划、组合数学、矢量分析、抽象代数、泛函分析、数论、复分析和实分析、级数和积分变换、特殊函数、编码和密码理论、优化等。

（2）各种工程计算。优化、统计过程控制、灵敏度分析、动力系统设计、小波分析、信号处理、控制器设计、集总参数分析和建模、各种工程图形等。

（3）提供世界上最强大的符号计算和高性能数值计算引擎，包括世界上最强大的微分方程求解器（ODEs、PDEs、高指数 DAEs）。

（4）智能自动算法选择。

（5）强大、灵活、容易使用的编程语言，以便开发更复杂的模型或算法。

（6）与多学科复杂系统建模和仿真平台 MapleSim 紧密集成。

1.2.2　技术文件环境

（1）大量易学易用的工具，提供"数学版 office"工作环境，用户即使没有任何语法知识也可以完成大量数学问题的计算，显著地缩短学习时间。

（2）大量的绘图和动画工具，包括超过 150 种图形类型。基于 OpenGL 的可视化技术，可定义相机轨迹。图片输出格式包括 BMP、DXF、EPS、GIF 等。

（3）多种数据输入和输出格式：ASCII、CSV、MATLAB、Excel 等。

（4）各种文件处理工具，如页眉页脚、段落、幻灯片等；各种图元件，如刻度盘、滑动条、按钮等，可在图元件中添加程序，实现交互式仿真操作。

1.2.3　知识捕捉

（1）Maple 是数学工作的理想环境，您所想象的数学就是您在 Maple 中做数学的方式。

（2）多种格式（1D、2D）输入数学内容，如教科书一样地显示和操作数学及文字。

（3）工作过程包括最初的草稿、计算、深度分析、演示报告、共享，以及重用。

（4）专业出版工具包括文件处理工具，可输出 Maple 文件为 PDF、HTML、XML、Word、LaTeX 和 MathML 格式。

（5）特有的教育功能包，包含特定主题的计算方法信息和 Step-by-Step 求解步骤。

（6）使用 MapleNET 发布交互式内容到 Web 上，将工作内容交互式地呈现给同事、学生和同行。

1.2.4　外部程序链接

无缝集成到现有工具链中：

（1）OpenMaple API，在外部程序中使用 Maple 作为计算引擎，或者通过 External calling，在 Maple 中使用外部程序，如 C/Java/Fortran。

（2）Maple-CAD 系统双向连接，通过 CAD Link 为 CAD 系统增加重要的分析功能，如统计、优化、单位和公差计算等，结果在 CAD 模型中自动更新，目前支持 SolidWorks、NX 和 Autodesk Inventor。

（3）Excel，Excel 数据的输入和输出；通过加载项，在 Excel 内使用 Maple 计算命令。

（4）专业出版工具包括文件处理工具，可输出 Maple 文件为 PDF、HTML、XML、Word、LaTeX 和 MathML 格式。

（5）数据库，对大型数据集完成分析和可视化。

（6）MATLAB 连接，用户可以使用 MATLAB Link 在 Maple 中调用 MATLAB 完成计算，以及利用 MATLAB 代码生成和转换的功能；另一个选择是 Maple Toolbox for Matlab 工具箱，Maple-Matlab 双向连接，共享数据、变量等。

（7）Simulink，输入和输出 Simulink 模块，添加 Maple 的分析和优化功能到 Simulink 模块。

1.2.5　其他附加产品

MapleSim：高性能、多领域复杂系统建模和仿真。

Global Optimization Toolbox：全局优化工具箱。

MapleSim Simulink Connector：MapleSim-Simulink 接口工具箱。

MapleSim Control Design Toolbox：MapleSim 控制设计工具箱。

MapleSim Tire Component Library：MapleSim 轮胎元件模型库。

MapleSim LabVIEW Connector：MapleSim-LabVIEW 接口工具箱。

Maple Toolbox for MATLAB：Maple-MATLAB 双向接口工具箱。

Maple T.A.：在线考试和自动评估系统。

1.3　水文学中的计算问题

"水文很难，学生很烦"，准确地描述了很多初入"水文之门"的高校学生对水文学的一种直观感受。

那么，究竟难在什么地方呢？

第一个可能就是"不纯粹"，不像其他物理、数学等学科，定理公式泾渭分明，原理猜想与实验验证一气贯通。在水文学领域，一开始很多东西，是"老天爷"才知道（水文气象）的，后来到了地面，又遇到很多随机性、不确定性，有些过程只能用半经验半理论化的公式或者模型来反映，如果你拿实验室里得出的结论往野外现场照搬，还有所谓的"尺度效应"阻拦你，如果你拿有限元、有限差分等一堆严格的东西来应对某些问题，还有所谓"无资料区域"的水文问题。

第二个可能就是"多学科"，由于水圈和其他圈层天然的"交叉"性，水文学和气象学、环境学、地质地貌学、生态学等领域存在交叉。一个研究人员局限于自己的研究领域不一定能准确把握水文学的全貌，一个大的研究课题也需要多学科、多领域研究人员之间的密切交流与配合。这种交流除交流者自身需具备本领域的深厚基础之外，还需知晓对方领域的基本常识，否则交流起来没有"共同语言"，"自说自话"，使交流仅仅停留在形式上。

第三个可能就是"复杂性"，水文过程本身所具有的复杂性，以及为掌控这些复杂性而设置的众多自动观测设备所带来的海量数据，使目前水文学科对水文建模人员的自身素质以及编程人员求解水文模型所需的编程功底都提出了更高要求。对建模人员的更高要求是：不仅要建立一个具备物理意义的、能够利用各方面监测数据的"分布式"模型，还要合理控制模型的结构，使之既不过于复杂而使模型淹没在"数据"中，丧失刻画水文过程"客观规律"的能力，也不过于简单而导致大批自动化监测数据失去用武之地。对编程人员的更高要求是：不仅要正确地编制程序，还要让这些程序与日益自动化、智能化、甚至是移动化的监测设备进行恰当的交互，不仅要保证程序本身的逻辑正确性，还要让程序在面对海量数据时，具有足够快的响应速度和稳健性，以免让"水文预报"之类的解决方案变成了"事后诸葛亮"。

根据目前趋势展望未来，计算机硬件的运行速度越来越快，而国内一些高大上的超算中心事实上存在着某种程度的开工不足,诸如此类现象都在提醒着我们：硬件的胃口很大，而目前的软件对它来说是小菜一碟，保罗·格雷厄姆曾经说过："对于大多数程序，速度不是最关键的因素，因此，你通常不需要费心考虑这种硬件层面上的微观管理。随着计算机速度越来越快，这一点已经越发明显了。"（Graham，2011）

100 年后的程序员最需要的编程语言就是可以让他毫不费力地写出程序第一版的编程语言，哪怕它的效率低下得惊人（至少按我们今天的眼光来看是如此）。他们会说，他们想要的就是很容易上手的编程语言。

效率低下的软件并不等于很差的软件，一种让程序员做无用功的语言才真正称得上很差。浪费程序员的时间，而不是浪费机器的时间，才是真正的无效率。随着计算机运行速度的提高，这种无效会更加明显。

Maple 语言就是这样一种语言，它的功能足够强大，既可以做符号运算，也可以做数值运算，速度当然不能和 C++等语言相比，然而，但凡有点编程经验的人都不难想象，让一个非计算机专业的人士（如水文从业人员）用 C++实现符号计算是一件多么费力不讨好的事。

虽然，水文学中有些问题的计算程序并不在前述"大多数程序之列"，但是，对于快速验证水文工作者头脑中的一些想法，以及规模不大的日常性水文计算任务，Maple 语言都是一个不错的选择。它可以让你从烦琐的公式推导、复杂的数值计算中解脱出来，寥寥数行语句就能验证你头脑中一个想法的正确与否，并可以做友好的人机交互界面和计算的前后处理，让你从痛苦的调试、排错中解脱出来，专注于水文模型本身的物理意义、水文过程本身的实际含义，专注于更"水文"、更"物理"，而不是更"编程"、更"机器"的内容。

接下来的章节中，就让我们逐步领略 Maple 语言在水文学不同领域中的精彩表现吧。

第2章 降水与蒸发

降水是水文循环中的最基本环节，也是水量平衡方程中的基本参数。降水是地表径流的本源，也是地下水的重要补给来源。降水在空间分布上的不均匀性与时间上的不稳定性又是引起洪涝、干旱的直接原因。所以，在水文学与水资源的研究与实际工作中，十分重视降水的分析与计算（黄锡荃，1985）。

由于温度和降水地点不同，降水可能会以各种形式出现，如雨、雾、雪、雨夹雪、冰雹等。就我国而言，降水主要以降雨的形式出现。降雨的形成机制与类型是气象学与气候学课程中需要掌握的，从水文学科的要求出发，主要侧重降水的数量特征、时空分布变化以及雨区范围和移动过程等问题的讨论。

降水要素：

（1）降水（总）量，指一定时段内降落在某一面积上的总水量。一天内的降水总量称为日降水总量；一次降水总量称为次降水量。单位以 mm 计。

（2）降水历时与降水时间，前者指一场降水自始至终所经历的时间；后者指对应于某一降水而言，其时间长短通常是人为划定的（如 1h、3h、6h、24h 或 1d、3d、5d 等），在此时段内并非意味着连续降水。

（3）降水强度，简称雨强，指单位时间内的降水量，以 mm/min 或 mm/h 计。实际工作中常根据雨强进行分级。

（4）降水面积，即降水所笼罩的面积，以 km^2 计。

降水量用标准雨量计或记录仪来测量。标准雨量计主要是由筒口呈内直外斜的刀刃形圆柱收集器组成的。这些收集器收集降水，并通过内部的漏斗将降水引入因测量目的而能移动的容器中，标准尺寸和圆筒的设置因国家而异。记录仪提供了长时间降雨变化的连续记录。其工作原理为：雨水由最上端的承水口进入承水器，落入接水漏斗，经漏斗口流入翻斗，当积水量达到一定高度（如 0.1mm）时，翻斗失去平衡翻倒。而每一次翻斗倾倒，都使开关接通电路，向记录器输送一个脉冲信号，记录器控制自记笔将雨量记录下来，如此往复即可将降雨过程测量下来。这种记录器比标准雨量计更容易出现误差。因此，它们应该与标准雨量计结合，使总数尽可能相关，这一点是很重要的。为了避免在估计某地区可利用的水资源数量时出现错误，正确解释降水的原始数据非常重要。

2.1　补充和检查记录

在许多情况下，有些地区没有充分的记录。例如，在某一特定地区可能有两个处于相似环境的雨量器：仪器 A，记录仪；仪器 B，需要手工测量并只能给出总量。由仪器 B 得到记录可以由基于 A 的模型进行补充。在图 2-1 中，基于仪器 B 的记录值画出的一条虚线从 0 到最大降水，并参考了仪器 A 所示的模型，比直线效果好，如果因仪器故障或缺少读数而导致记录丢失，可以通过数学方法比较仪器 A 和一些附近的仪器如 B、C、D 的记录。有如下几种方法可以使用。

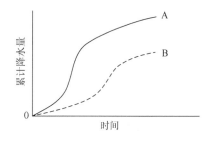

图 2-1　仪器 B 的补充记录曲线

一种方法是，如果仪器 B、C 和 D 的正常年降水量 N 在仪器 A 数值的 10%以内，那么可以用这三个仪器降水量的平均值得到 A 的降水量。如果附近任意三个测站的降水量 N 的变动都超过了 A 的 10%，那么就要利用加权平均来计算。A 站的降水量 P_A 可以由下式计算得出：

$$P_A = \frac{1}{3}\left(\frac{N_A}{N_B} P_B + \frac{N_A}{N_C} P_C + \frac{N_A}{N_D} P_D \right) \tag{2.1}$$

另一种方法是利用四象限法进行估计，将研究地区分成东南西北四个象限，选出每个象限最近站点的记录来计算加权平均，但这种情况下的加权系数是由距离平方的倒数计算得出的。

这样，中心地区的降水量就可以利用图 2-2 中东南西北四象限的值以如下方式计算得出了：

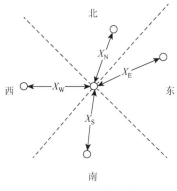

图 2-2　四象限法

$$P_X = \frac{1}{\sum (1/X^2)}\left(\frac{P_N}{X_N^2} + \frac{P_S}{X_S^2} + \frac{P_E}{X_E^2} + \frac{P_W}{X_W^2} \right)$$

双累积曲线可以用来检查特定记录的一致性。在正常情况下，仪器 A 测得的累计降水量与其他相邻仪器测定的累计降水量有一定的关系。这样分别绘制一条 A 仪器测得的累计降水量和其他附近仪器测得的平均累计降水量的曲线，它们应该重合。直线的分歧指示了仪器 A 测得数据的错误。出现错误的时间可以在图上显示出来（图 2-3），即直线斜率发生变化的点。在图 2-3 中这一点出现在 1960 年。1960 年以后的记录可以通过两条线斜率的比率纠正过来。应用双累积曲线法时必须要谨慎，因为绘制点总是沿二等分线下降。只有这种情况显著时斜率的变化才能体现出来（Sharp and Sawden，1984）。

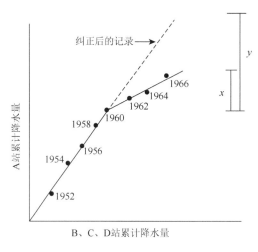

图 2-3　双累积曲线的应用

例 2.1　双累积法：记录的一致性。

同一集水区内五个站点的年降水量如表 2-1 所示。编写一个程序利用双累积法来审查五个站点数据的一致性。

表 2-1　五个站点的年降水量表　　　　　　　（单位：mm）

年份	站点 1	站点 2	站点 3	站点 4	站点 5
1973	43.54	40.10	44.21	39.17	39.91
1974	48.80	47.54	48.41	43.34	45.15
1975	47.57	46.77	47.50	42.28	42.74
1976	43.15	43.26	43.86	35.02	33.12
1977	45.03	44.91	50.95	37.86	48.91
1978	45.99	47.06	43.10	37.36	37.15
1979	40.41	40.16	38.94	35.71	40.77
1980	63.77	61.75	60.57	52.23	54.07

累积曲线法需要计算出某一站点降水量与附近一些其他站点降水量的总和或

平均值的比值。例如，为了审查站点 1 的数据一致性，需要计算 1973～1980 年每年站点 1 的降水量与站点 2、站点 3、站点 4、站点 5 的比值。站点 2 的审查也是用同样的方法，计算站点 2 的降水量与站点 1、站点 3、站点 4、站点 5 的平均降水量的比值，依次类推。编写这段程序是为了处理这个问题计算方面的任务，以及将数据成列输出以便于绘图。为了推广该程序，需要其能随意改变站点数目和降水数据。

程序流程如图 2-4 所示。

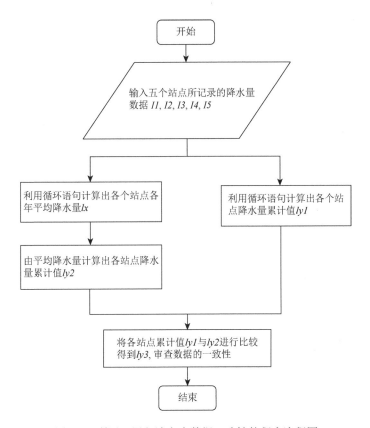

图 2-4 利用双累积法审查数据一致性的程序流程图

在 Maple 编辑窗中的输入和程序响应依次为
> $I1$:= [43.54, 48.80, 47.57, 43.15, 45.03, 45.99, 40.41, 63.77];

　　　　[43.54, 48.80, 47.57, 43.15, 45.03, 45.99, 40.41, 63.77]

　$I2$:= [40.10, 47.54, 46.77, 43.26, 44.91, 47.06, 40.16, 61.75];

　　　　[40.10, 47.54, 46.77, 43.26, 44.91, 47.06, 40.16, 61.75]

$I3 := [44.21, 48.41, 47.50, 43.86, 50.95, 43.10, 38.94, 60.57];$

$$[44.21, 48.41, 47.50, 43.86, 50.95, 43.10, 38.94, 60.57]$$

$I4 := [39.17, 43.34, 42.28, 35.02, 37.86, 37.36, 35.71, 52.23];$

$$[39.17, 43.34, 42.28, 35.02, 37.86, 37.36, 35.71, 52.23]$$

$I5 := [39.91, 45.15, 42.74, 33.12, 48.91, 37.15, 40.77, 54.07];$

$$[39.91, 45.15, 42.74, 33.12, 48.91, 37.15, 40.77, 54.07]$$

站点 1~站点 5 的累计值：

> $total := 0; -1;$ **for** i **to** 8 **do** $total := total + I1[i]$ **end do**;

$$378.26$$

$total := 0; -1;$ **for** i **to** 8 **do** $total := total + I2[i]$ **end do**;

$$371.55$$

$total := 0; -1;$ **for** i **to** 8 **do** $total := total + I3[i]$ **end do**;

$$377.54$$

$total := 0; -1;$ **for** i **to** 8 **do** $total := total + I4[i]$ **end do**;

$$322.97$$

$total := 0; -1;$ **for** i **to** 8 **do** $total := total + I5[i]$ **end do**;

$$341.82$$

用 lx 表示一个站点各年的平均降水量：

$lx := [x1, x2, x3, x4, x5, x6, x7, x8];$

$$[x1, x2, x3, x4, x5, x6, x7, x8];$$

对站点 1：

for j **from** 1 **to** 8 **do** $lx[j] = \dfrac{(l2[j] + l3[j] + l4[j] + l5[j])}{4}$; **od** ;

$$x1 = 40.84750000$$

$$x2 = 46.11000000$$

$$x3 = 44.82250000$$

$$x4 = 38.81500000$$

$$x5 = 45.65750000$$

$$x6 = 41.16750000$$

$$x7 = 38.89500000$$

$$x8 = 57.15500000$$

lx;

$[40.84750000, 46.11000000, 44.82250000, 38.81500000, 45.65750000, 41.16750000,$

$38.89500000, 57.15500000]$

> $total := 0:$ **for** i **from** 1 **to** 8 **do** $total := total + lx[i]:$ **od**;

$$40.84750000$$

$$86.95750000$$

$$131.7800000$$

$$170.5950000$$

$$216.2525000$$

$$257.4200000$$

$$296.3150000$$

$$353.4700000$$

对站点 2：

for j **from** 1 **to** 8 **do**　$lx[j] = \dfrac{(l1[j] + l3[j] + l4[j] + l5[j])}{4}$; **od** ;

$$x1 = 41.70750000$$

$$x2 = 46.42500000$$

$$x3 = 45.02250000$$

$$x4 = 38.78750000$$

$$x5 = 45.68750000$$

$$x6 = 40.90000000$$

$$x7 = 38.95750000$$

$$x8 = 57.66000000$$

lx ;

$[41.70750000, 46.42500000, 45.02250000, 38.78750000, 45.68750000,$

$40.90000000, 38.95750000, 57.66000000]$

$total := 0$:**for** i **from** 1 **to** 8 **do**　$total := total + lx[i]$: **od**;

$$41.70750000$$

$$88.13250000$$

$$133.1550000$$

$$171.9425000$$

$$217.6300000$$

$$258.5300000$$

$$297.4875000$$

$$355.1475000$$

对站点 3：

for j **from** 1 **to** 8 **do**　$lx := \dfrac{(l1[j] + l2[j] + l4[j] + l5[j])}{4}$: **od** ;

$$40.68000000$$

$$46.20750000$$
$$44.84000000$$
$$38.63750000$$
$$44.17750000$$
$$41.89000000$$
$$39.26250000$$
$$57.95500000$$

$lx;$

[40.68000000，46.20750000, 44.84000000, 38.63750000, 44.17750000,
 41.89000000, 39.26250000, 57.95500000]

$total := 0$:**for** i **from** 1 **to** 8 **do** $total := total + lx[i]$:**od**;

$$40.68000000$$
$$86.88750000$$
$$131.7275000$$
$$170.3650000$$
$$214.5425000$$
$$256.4325000$$
$$295.6950000$$
$$353.6500000$$

对站点 4：

for j **from** 1 **to** 8 **do** $lx := \dfrac{(l1[j]+l2[j]+l3[j]+l5[j])}{4}$: **od** ;

$$41.94000000$$
$$47.47500000$$
$$46.14500000$$
$$40.84750000$$
$$47.45000000$$
$$43.32500000$$
$$40.07000000$$
$$60.04000000$$

$lx;$

[41.94000000, 47.47500000, 46.14500000, 40.84750000, 47.45000000，
 43.32500000, 40.07000000, 60.04000000]

$total := 0$:**for** i **from** 1 **to** 8 **do** $total := total + lx[i]$:**od**;

$$41.94000000$$

89.41500000

135.5600000

176.4075000

223.8575000

267.1825000

307.2525000

367.2925000

对站点 5：

for *j* **from** 1 **to** 8 **do**　$lx := \dfrac{(l1[j] + l2[j] + l3[j] + l4[j])}{4}$: **od**；

41.75500000

47.02250000

46.03000000

41.32250000

44.68750000

43.37750000

38.80500000

59.58000000

lx；

[41.75500000, 47.02250000, 46.03000000, 41.32250000, 44.68750000,

43.37750000, 38.80500000, 59.58000000]

total := 0：**for** *i* **from** 1 **to** 8 **do**　*total* := *total* + *lx*[*i*]：**od**；

41.75500000

88.77750000

134.8075000

176.1300000

220.8175000

264.1950000

303.0000000

362.5800000

　　ly1 和 *ly2* 分别是各站点累计值和经过双累积之后各站点的累计值，比较二者
之间的大小即可。

　　ly1 := [348.32, 371.55, 377.54, 322.97, 341.82]

　　　　　　　[348.32, 371.55, 377.54, 322.97, 341.82]

　　ly2 := [353.4700000, 355.1675000, 353.6500000, 367.2925000, 362.5800000]

$$[353.4700000, 355.1675000, 353.6500000, 367.2925000, 362.5800000]$$

for k **from** 1 **to** 5 **do**; $ly3[k] = \dfrac{ly1[k]}{ly2[k]}$; **end do**;

$$ly3_1 = 0.9854301638$$
$$ly3_2 = 1.046126124$$
$$ly3_3 = 1.067552665$$
$$ly3_4 = 0.8793264224$$
$$ly3_5 = 0.9427436704$$

运行结果如图 2-5 所示。

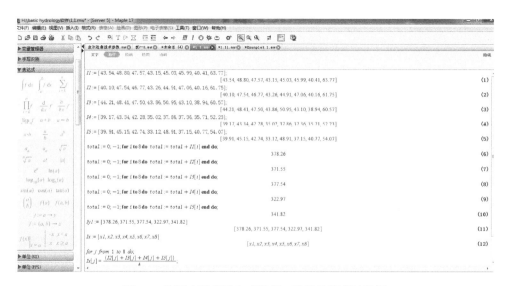

图 2-5　利用双累积法审查数据一致性的程序运行图

例 2.2　降水损失的估计。

对于一个特定的时间段，雨量计 X 的记录不完整，但如表 2-2 中的四个雨量计能提供该时段的完整数据。这几个站点的降水量以及它们与雨量计 X 的距离如表 2-2 所示。试确定站点 x 的降水量。

表 2-2　四个雨量计提供的完整数据

雨量计	降水量/mm	距 X 的距离/m
n	34.5	1547
s	25.3	1986
e	29.1	1052
w	39.6	1126

程序流程如图 2-6 所示。

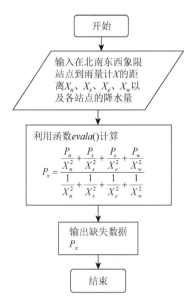

图 2-6　估计降水损失程序流程图

在 Maple 编辑窗中的输入和程序响应依次为

$Pn:=34.5; Ps:=25.3; Pw:=39.6; Pe:=29.1; Xn:=1547; Xs:=1986; Xw:=1126;$

$Xe:=1052;$

$$evala\left(P_x = \dfrac{\dfrac{P_n}{X_n^2} + \dfrac{P_s}{X_s^2} + \dfrac{P_e}{X_e^2} + \dfrac{P_w}{X_w^2}}{\dfrac{1}{X_n^2} + \dfrac{1}{X_s^2} + \dfrac{1}{X_w^2} + \dfrac{1}{X_e^2}} \right);$$

$Px = 33.15066131$

程序中所用到的函数为 $evala()$，关于它的功能及调用格式见表 2-3。

表 2-3　$evala()$ 函数简介（1）

功能	在代数域计算
原型	$evala()$
参数	根据四象限法所列公式
返回	P_x

运行结果如图 2-7 所示。

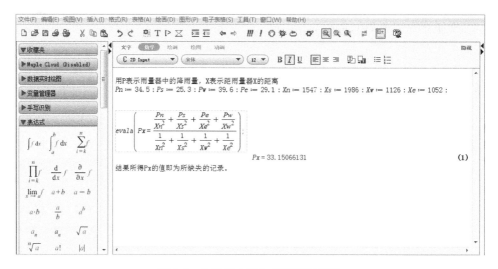

图 2-7　估计降水损失的程序运行图

2.2　降水深度随面积的变化

水文学中的许多问题要求对一定面积上的平均降水深度进行估计。一个真正准确的估计只能通过覆盖整个地区的密集的雨量器记录的降水量计算获得，以准确、详细地定义暴雨模型，这无论是在经济上还是在实践中都是行不通的。相反，将一定数目的雨量器按一定方式分散在该区域内，也可以准确预测降水量。所需雨量器的最少数目由该地区的面积和地貌及典型暴雨条件决定。例如，一个小型暴雨高度集中且陡坡较多的山区要比相对平坦且降水分布一般比较均匀的地区需要的雨量器多一些（Sharp and Sewden，1984）。

基本上有三种通过点降水量估计集水区降水深度的方法。

1）算术平均法

该法最简单但是不准确。该方法假设整个集水区的平均降水深度为该集水区内各个雨量器显示降水深度的平均值。这种方法可以较好地估计那些平坦且降水相当均匀的地区，但如果该地区内各雨量器显示数据有显著差别时，这种方法会产生误差。

2）泰森多边形法

该方法考虑了集水区的降水分布，将其分成若干多边形且每个多边形内有一个雨量器。然后利用多边形的面积作为加权因子来计算雨量器所记录数值的加权平均。多边形构造如图 2-8 所示。雨量器的位置绘制在地图上并直线连接各站点，然后作这些线的垂直平分线形成多边形。这种方法比那种简单地求平均的方法要精确得多，因为它将一个指定雨量器的降水与雨量器周围的地区联系起来。它假定雨量计之间存在线性变化，但并非总是如此。此法应用比较广泛，适用于雨量站分布不均匀的地区。其缺点是把各雨量站所控制的面积在不同的降水过程中都视作不变，这与实际降水情况不符。

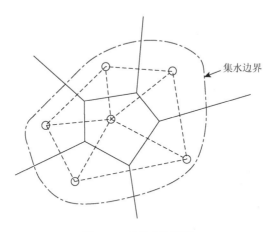

图 2-8　泰森多边形法

3）等雨量线法

等雨量线就是将降水量相等的各点连接起来而形成的线。例如，等高线图是由各点的高度绘制形成的，一幅等水量线图则是由各点的降水量绘制形成的。画出等降水量线后，可以合理地假定任意两条等降水量线之间的总降水量为两条等降水量线之间的面积和降水平均深度所共同作用的结果。经验表明，这种假设可能会考虑地形影响和特定暴雨的具体情况而略有修改。集水区内降水深度随面积变化的曲线（降水深度-面积曲线）可作为等降水量线分析的一部分。这些曲线表明了当考虑地区的面积增加时其降水的平均深度是怎样减少的。

等雨量线法考虑了降水在空间上的分布情况，理论上较充分，计算精确度较高，并有利于分析流域产流、汇流过程。缺点是对雨量站的数量和代表性有较高的要求，在实际应用上受到一定限制。

例 2.3　降水深度-面积曲线。

依据某特定集水区的一场暴雨，绘制出一张等雨量线图。等雨量线所包围的全部面积如表 2-4 所示。编制一段程序来计算集水区降水深度随面积的变化。

表 2-4　某一特定集水区等雨量线包围面积数据表

等雨量线/mm	100	75	50	25	<25
等雨量线包围面积/km²	32	224	500	1005	1517

　　某一特定地区的降水量可利用等雨量线间的平均降水深度乘以该降水量之间包围的面积来估算。被 100mm 等雨量线包围的区域内，可以假定其平均降水深度是 110mm。25mm 等雨量线以外的区域，可以假定其平均降水深度是 20mm。

　　程序流程如图 2-9 所示。

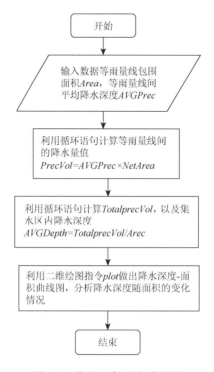

图 2-9　降水深度-面积流程图

在 Maple 编辑窗中的输入和程序响应依次为

> $Area := [0, 32, 224, 500, 1005, 1517]$

$$[0, 32, 224, 500, 1005, 1517]$$

> $NetArea := [x1, x2, x3, x4, x5];$

$$[x1, x2, x3, x4, x5]$$

> **for** i **from** 1 **to** 5 **do**; $NetArea[i] := Area[i+1] - Area[i];$ **od**;

$$32$$
$$192$$
$$276$$
$$505$$
$$512$$

$>$ *NetArea*;

[32,192,276,505,512]

$>$ *AVGPrec*:=[110,87.5,62.5,37.5,20];

[110,87.5,62.5,37.5,20]

$>$ *PrecVol*:=[*y1,y2,y3,y4,y5*];

[*y1,y2,y3,y4,y5*]

$>$ **for** *i* **from** 1 **to** 5 **do**; *PrecVol*[*i*]:= *NetArea*[*i*]·*AVGPrec*[*i*]; **end do**;
for *i* **from** 1 **to** 5 **do**; *PrecVol*[*i*]:= *NetArea*[*i*]·*AVGPrec*[*i*]; **end do**;

3520
16800.0
17250.0
18937.5
10240

$>$ *PrecVol*;

[3520,16800.0,17250.0,18937.5,10240]

$>$ *TotalPrecVol* :=[*z1,z2,z3,z4,z5*];

[*z1,z2,z3,z4,z5*]

$>$ *tatol* :=0:**for** *i* **from** 1 **to** 5 **do**;*total* := *total* + *PrecVol*[*i*];*TotalPrecVol*[*i*]
:= *total*;**end do**;

3520
3520
20320.0
20320.0
37570.0
37570.0
56507.5
56507.5
66747.5
66747.5

$>$ *TotalPrecVol*;

[3520，20320.0，37570.0，56507.5，66747.5]
[3520，20320.0，37570.0，56507.5，66747.5]

$>$ *AVGDepth*:=[*a1,a2,a3,a4,a5*];

[*a1,a2,a3,a4,a5*]

$>$ *Areal*:=[32,224,500,1005,1517];

$$[32,224,500,1005,1517]$$

$> \textbf{for } i \textbf{ from } 1 \textbf{ to } 5 \textbf{ do}; AVGDepth[i] := \dfrac{TotalPrecVol[i]}{Areal[i]}; \textbf{end do};$

$$110$$
$$90.71428571$$
$$75.14000000$$
$$56.22636816$$
$$43.99967040$$

$> AVGDepth;$

$$[110, 90.71428571, 75.14000000, 56.22636816, 43.99967040]$$

$plot(Vector([Areal]), Vector([AVGDepth]), style = line);$

运行结果如图 2-10 所示。

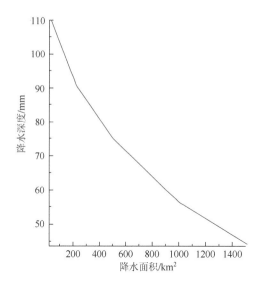

图 2-10　降水深度-面积曲线图

程序中所用到的函数 *plot*( )和 *Vector*( )的功能及用法见表 2-5 和表 2-6。

表 2-5　*plot*( )函数简介（1）

功能	数据点绘图
原型	$plot([x_1, y_1], [x_2, y_2], \cdots], style = line)$
参数	降水面积 *Area*，平均降水深 *AVGDepth*
返回	绘制成降水深度-面积曲线图

表 2-6　*Vector*( )函数简介（1）

功能	定义向量
原型	*Vector*( )
参数	降水面积 *Area*，平均降水深 *AVGDepth*
返回	坐标点

运行结果如图 2-11 所示。

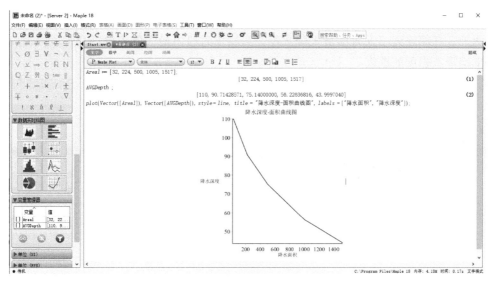

图 2-11　降水深度-面积程序运行图

2.3　降水深度随时间的变化

　　降水深度随时间的变化可以用多种方式来表示。如果降水深度由翻斗式雨量计获得，那么这些记录将表明累积降水量随时间变化的情况。如果每天都读取雨量计记录的数据，那么得到的数据也将显示每天降水量的多少。

　　降水强度-历时曲线的绘制方法是根据一场降水的记录，统计其不同的历时内最大的平均雨强，然后以雨强为纵坐标，历时为横坐标点绘而成。同一场降水过程中雨强与历时呈反比关系，即历时越短，雨强越强。此曲线可以用下面的经验公式表示：

$$i_t = s / t^n \tag{2.3}$$

式中，t 为降水历时，h；s 为暴雨参数又称雨力，相当于 $t = 1h$ 的雨强，mm；n 为暴雨衰减指数，一般为 0.5～0.7；i_t 为相应历时 t 的降水平均强度，mm/h。

例 2.4 降水深度-强度-历时分析。

一个雨量计每天的降水记录如表 2-7 所示。编写一段可绘制降水深度-历时及降水强度-历时曲线的程序。

表 2-7 降水记录

时间/天	1	2	3	4	5	6	7	8	9	10	11	12
降水量/mm	0	3	5	8	7	9	10	8	7	7	4	2

程序可被推广用于处理任意的观测数据，并能够计算出任何一天、任何连续两天、任何连续三天等的最大降水量，可输出时段内最大降水量以及时段内最大平均降水强度的数据。

程序流程如图 2-12 所示。

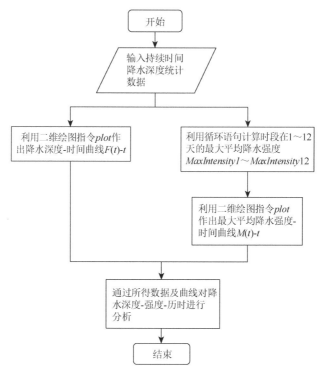

图 2-12 降水深度-强度-历时分析流程图

在 Maple 编辑窗中的输入和程序响应依次为

$plot([[1,0], [2,3],[3,5], [4,8], [5,7], [6,9], [7,10], [8,8], [9,7], [10,7], [11,4], [12,2]], style = line, labels =[t, F])$

由上述程序运算得到降水深度随时间变化曲线，如图 2-13 所示。

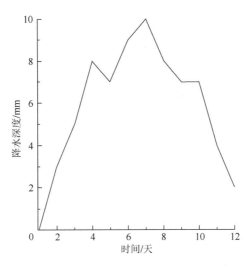

图 2-13   降水深度-时间曲线图

la 为降水深度，*MaxFall* 为最大降水深度，*Duration* 为持续时间，*MaxIntensity* 为对应时段内最大降水强度。

时段为 1 天内的最大平均降水强度的计算：

> *la* := 0, 3,5,8,7,9,10,8,7,7,4,2;

$$0, 3, 5, 8, 7, 9, 10, 8, 7, 7, 4, 2$$

MaxFall1 = max(*la*);

$$10$$

Duration := *1*;

$$1$$

$$evalf\left(MaxIntensity1 = \frac{MaxFall1}{Duration1}\right);$$

$$MaxIntensity1 = 10$$

时段为 2 天内的最大平均降水强度的计算：

> *lb* := [*x1,x2,x3,x4,x5,x6,x7,x8,x9,x10,x11*];

$$[x1, x2, x3, x4, x5, x6, x7, x8, x9, x10, x11]$$

for *i* **to** 11 **do** $lb_i := la_i + la_{i+1}$ **end do**;

$$6$$

lb;

$$[3, 8, 13, 15, 16, 19, 18, 15, 14, 11, 6]$$

$op(\%);$

$$3, 8, 13, 15, 16, 19, 18, 15, 14, 11, 6$$

$MaxFall2 := max(\%);$

$$19$$

$Duration2 := 2;$

$$2$$

$evalf\left(MaxIntensity2 = \dfrac{MaxFall2}{Duration2}\right);$

$$MaxIntensity2 = 9.500000000$$

时段为 3 天内的最大平均降水强度的计算：
$> lb := [y1, y2, y3, y4, y5, y6, y7, y8, y9, y10];$

$$[y1, y2, y3, y4, y5, y6, y7, y8, y9, y10]$$

for i **to** 10 **do** $lb_i := la_i + la_{i+1} + la_{i+2}$ **end do**;

$$13$$

$lb;$

$$[8, 16, 20, 24, 26, 27, 25, 22, 18, 13]$$

$op(\%);$

$$8, 16, 20, 24, 26, 27, 25, 22, 18, 13$$

$MaxFall3 := max(\%);$

$$27$$

$Duration3 := 3;$

$$3$$

$evalf\left(MaxIntensity3 = \dfrac{MaxFall3}{Duration3}\right);$

$$MaxIntensity3 = 9$$

时段为 4 天内的最大平均降水强度的计算：
$> lb := [z1, z2, z3, z4, z5, z6, z7, z8, z9];$

$$[z1, z2, z3, z4, z5, z6, z7, z8, z9]$$

for i **to** 9 **do** $lb_i := la_i + la_{i+1} + la_{i+2} + la_{i+3}$ **end do**;

$$20$$

$lb;$

$$[16, 23, 29, 34, 34, 34, 32, 26, 20]$$

$op(\%);$

$$16, 23, 29, 34, 34, 34, 32, 26, 20$$

$MaxFall4 := max(\%);$

$$34$$

$Duration4 := 4;$

$$4$$

$$evalf\left(MaxIntensity4 = \frac{MaxFall4}{Duration4}\right);$$

$$MaxIntensity4 = 8.500000000$$

时段为 5 天内的对大平均降水强度的计算：

$> lb := [a1, a2, a3, a4, a5, a6, a7, a8];$

$$[a1, a2, a3, a4, a5, a6, a7, a8]$$

for i **to** 8 **do** $lb_i := la_i + la_{i+1} + la_{i+2} + la_{i+3} + la_{i+4}$ **end do**;

$$28$$

$lb;$

$$[23, 32, 39, 42, 41, 41, 36, 28]$$

$op(\%);$

$$23, 32, 39, 42, 41, 41, 36, 28$$

$MaxFall5 := max(\%);$

$$42$$

$Duration5 := 5;$

$$5$$

$$evalf\left(MaxIntensity5 = \frac{MaxFall5}{Duration5}\right);$$

$$MaxIntensity5 = 8.400000000$$

时段为 6 天内的最大平均降水强度的计算：

$> lb := [b1, b2, b3, b4, b5, b6, b7];$

$$[b1, b2, b3, b4, b5, b6, b7]$$

for i **to** 7 **do** $lb_i := la_i + la_{i+1} + la_{i+2} + la_{i+3} + la_{i+4} + la_{i+5}$ **end do**;

$$38$$

$lb;$

$$[32, 42, 47, 49, 48, 45, 38]$$

$op(\%);$

$$32, 42, 47, 49, 48, 45, 38$$

$MaxFall6 := max(\%);$

$$49$$

$$Duration6 := 6;$$

$$6$$

$$evalf\left(MaxIntensity6 = \frac{MaxFall6}{Duration6}\right);$$

$$MaxIntensity6 = 8.166666667$$

时段为 7 天内的最大平均降水强度的计算：

$$> lb := [c1, c2, c3, c4, c5, c6];$$

$$[c1, c2, c3, c4, c5, c6]$$

for i **to** 6 **do** $lb_i := la_i + la_{i+1} + la_{i+2} + la_{i+3} + la_{i+4} + la_{i+5} + la_{i+6}$ **end do**;

$$47$$

$$lb;$$

$$[42, 50, 54, 56, 52, 47]$$

$$op(\%);$$

$$42, 50, 54, 56, 52, 47$$

$$MaxFall7 := max(\%);$$

$$56$$

$$Duration7 := 7;$$

$$7$$

$$evalf\left(MaxIntensity7 = \frac{MaxFall7}{Duration7}\right);$$

$$MaxIntensity7 = 8$$

时段为 8 天内的最大平均降水强度的计算：

$$> lb := [d1, d2, d3, d4, d5];$$

$$[d1, d2, d3, d4, d5]$$

for i **to** 5 **do** $lb_i := la_i + la_{i+1} + la_{i+2} + la_{i+3} + la_{i+4} + la_{i+5} + la_{i+6} + la_{i+7}$ **end do**;

$$54$$

$$lb;$$

$$[50, 57, 61, 60, 54]$$

$$op(\%);$$

$$50, 57, 61, 60, 54$$

$$MaxFall8 := max(\%);$$

$$61$$

Duration8 := 8;

$$8$$

$$evalf\left(MaxIntensity8 = \frac{MaxFall8}{Duration8}\right);$$

$$MaxIntensity8 = 7.625000000$$

时段为 9 天内的最大平均降水强度的计算:
> *lb* :=[*e1,e2,e3,e4*];

$$[e1, e2, e3, e4]$$

for *i* **to** 4 **do**

$lb_i := la_i + la_{i+1} + la_{i+2} + la_{i+3} + la_{i+4} + la_{i+5} + la_{i+6} + la_{i+7} + la_{i+8}$ **end do**;

$$62$$

lb;

$$[57, 64, 65, 62]$$

op(%);

$$57, 64, 65, 62$$

MaxFall9 := *max*(%);

$$65$$

Duration9 := 9;

$$9$$

$$evalf\left(MaxIntensity9 = \frac{MaxFall9}{Duration9}\right);$$

$$MaxIntensity9 = 7.222222222$$

时段为 10 天内的最大平均降水强度的计算:
> *lb* := [*f1,f2,f3*];

$$[f1, f2, f3]$$

for *i* **to** 3 **do**

$lb_i := la_i + la_{i+1} + la_{i+2} + la_{i+3} + la_{i+4} + la_{i+5} + la_{i+6} + la_{i+7} + la_{i+8} + la_{i+9}$ **end do**;

$$67$$

lb;

$$[64, 68, 67]$$

op(%);

$$64, 68, 67$$

$MaxFall10 := max(\%);$

$$68$$

$Duration10 := 10;$

$$10$$

$$evalf\left(MaxIntensity10 = \frac{MaxFal10}{Duration10}\right);$$

$$MaxIntensity10 = 6.800000000$$

时段为 11 天内的最大平均降水强度的计算：
> $lb := [g1, g2];$

$$[g1, g2]$$

for i **to** 2 **do**

$lb_i := la_i + la_{i+1} + la_{i+2} + la_{i+3} + la_{i+4} + la_{i+5} + la_{i+6} + la_{i+7} + la_{i+8} + la_{i+9} + la_{i+10}$ **end do**;

$$70$$

$lb;$

$$[68, 70]$$

$op(\%);$

$$68, 70$$

$MaxFall11 := max(\%);$

$$70$$

$Duration11 := 11;$

$$11$$

$$evalf\left(MaxIntensity11 = \frac{MaxFal11}{Duration11}\right);$$

$$MaxIntensity11 = 6.363636364$$

时段为 12 天内的最大平均降水强度的计算：
> $la := [0,3,5,7,9,10,8,7,7,4,2];$

$$[0, 3, 5, 7, 9, 10, 8, 7, 7, 4, 2]$$

$lb_i := la_1 + la_2 + la_3 + la_4 + la_5 + la_6 + la_7 + la_8 + la_9 + la_{10} + la_{11} + la_{12}$

$$70$$

$Duration12 := 12;$

$$12$$

$$evalf\left(MaxIntensity12 = \frac{lb}{Duration12}\right);$$

$$MaxIntensity12 = 5.833333333$$

$plot([[1,10], [2,9.500000000],[3,9], [4,8.500000000], [5,8.400000000], [6, 8.166666667], [7,8], [8,7.625000000], [9,7.222222222], [10,6.800000000], [11,6.363636364], [12,5.833333333]], style = line, labels = [t, M])$

程序运行得到最大平均降水强度与时间变化关系，如图 2-14 所示。

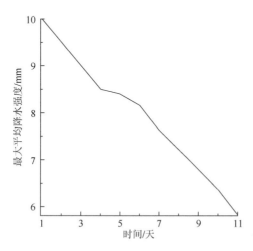

图 2-14　最大平均降水强度-时间曲线图

程序中所涉及函数的简短说明见表 2-8～表 2-11。

表 2-8　_plot_( )函数简介（2）

功能	数据点绘图
原型	$plot([[x_1, y_1], [x_2, y_2], \cdots], style = line)$
参数	所测得降水数据
返回	由点(x_1, y_1), (x_2, y_2),$\cdots$绘成曲线图

表 2-9　_max_( )函数简介

功能	求最大值
原型	$max(x_1, x_2, \cdots)$
参数	一个可比较大小的参数序列
返回	序列中的最大数值

表 2-10　*evalf*( )函数简介（1）

功能	将对象转化为浮点数
原型	*evalf*（*expr*）
参数	最大降水强度 *MaxIntensity*
返回	浮点数

表 2-11　*op*( )函数简介

功能	从表达式中提取因子
原型	*op*（%）
参数	上一行输出列表
返回	序列

运行结果如图 2-15 所示。

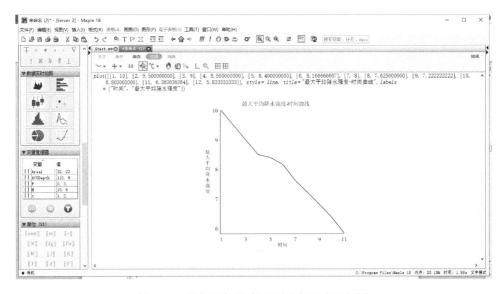

图 2-15　降水深度-强度-历时分析程序运行图

2.4　趋　势　分　析

由气候条件变化引起的降水变化趋势可能是真实的，或者因雨量计的损坏、转移或更改而造成的记录不一致，趋势都是明显的。

想要获得真正的趋势，需要利用 5 年或 3 年的移动平均数对平均情况进行长期研究。得到这些移动平均数，需要对特定站点的年降水量记录进行审查。3 年的移动平均数是在连续 3 年的基础上平均得到的。第一个平均数以第 1 年、第 2 年、第 3 年的数据为基础进行计算，并绘制在第 2 年上。第二个平均数以第 2 年、第 3 年、第 4 年的数据为基础进行计算，并绘制在第 3 年上，依次类推。计算 5 年移动平均数需利用同样的原理，唯一不同的是后者是在 5 年的基础上计算得出的（Sharp and Sawden，1984）。

例 2.5　移动平均分析。

某站 10 年年降水量数据如表 2-12 所示，分别计算 3 年和 5 年的移动平均数。

表 2-12　某站 10 年年降水量数据

时间/年	1	2	3	4	5	6	7	8	9	10
降水量/mm	922	711	731	786	620	600	889	459	716	652

平均数是在 3 年和 5 年的基础上得出的，数据从第 1 年开始依次往后移动一年。

程序流程图如图 2-16 所示。

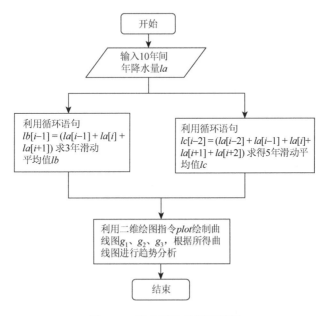

图 2-16　移动平均分析流程图

在 Maple 编辑窗中的输入和程序响应依次为

> $la := [922, 711, 731, 786, 620, 600, 889, 459, 716, 652];$

$$[922, 711, 731, 786, 620, 600, 889, 459, 716, 652]$$

$nops(la);$

$$10$$

$lb := [x1, x2, x3, x4, x5, x6, x7, x8];$

$$[x1, x2, x3, x4, x5, x6, x7, x8]$$

for i from 2 to 9 do; $lb[i-1] := \dfrac{(la[i-1] + la[i] + la[i+1])}{3}$; end do;

$$788$$
$$\frac{2228}{3}$$
$$\frac{2137}{3}$$
$$\frac{2006}{3}$$
$$703$$
$$\frac{1948}{3}$$
$$688$$
$$609$$

$evalf(lb);$

$$[788., 742.6666667, 712.3333333, 668.6666667, 703., 649.3333333, 688., 609.]$$

$lc := [y1, y2, y3, y4, y5, y6];$

$$[y1, y2, y3, y4, y5, y6]$$

for i **from** 3 **to** 8 **do** ; $lc[i-2] := \dfrac{1}{5}(la[i-2] + la[i-1] + la[i] + la[i+1]$

$+ la[i+2])$; **end do**;

$$754$$
$$\frac{3448}{5}$$
$$\frac{3626}{5}$$

$$\frac{3354}{5}$$
$$\frac{3284}{5}$$
$$\frac{3316}{5}$$

evalf(*lc*);

[754., 689.6000000, 725.200000, 670.8000000, 656.8000000, 663.2000000]

Y1 := [1, 2, 3, 4, 5, 6, 7, 8, 9, 10];

[1, 2, 3, 4, 5, 6, 7, 8, 9, 10]

Y2 := [2, 3, 4, 5, 6, 7, 8, 9];

[2, 3, 4, 5, 6, 7, 8, 9]

Y3 := [3, 4, 5, 6, 7, 8, 9];

[3, 4, 5, 6, 7, 8, 9]

with(*plots*):

g1 := *plot*(*Vector*([*Y1*]), *Vector*([*la*]), *style* = *line*);

g2 := *plot*(*Vector*([*Y2*]), *Vector*([*lb*]), *style* = *line*, *color* = *blue*);

g3 := *plot*(*Vector*([*Y3*]), *Vector*([*lc*]), *style* = *line*, *color* = *red*);

display(*g1*, *g2*, *g3*);

运行结果如图 2-17 所示。

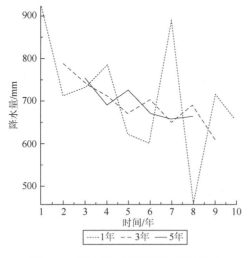

图 2-17　降水量-时间曲线程序运行图

程序中所用到的函数的功能及用法见表 2-13～表 2-16。

表 2-13　　nops( )函数简介

功能	显示多项式项数
原型	$nops$（$expr$）
参数	表达式 $expr$
返回	表达式中操作符的个数

表 2-14　　evalf( )函数简介（2）

功能	将对象转化为浮点数
原型	$evalf$（$expr$）
参数	表达式 $expr$
返回	浮点数

表 2-15　　plot( )函数简介（3）

功能	数据点绘图
原型	$plot([[x_1, y_1], [x_2, y_2], \cdots], style = line)$
参数	la，$Y1$，lb，$Y2$，lc，$Y3$
返回	曲线图 g_1，g_2，g_3

表 2-16　　Vector( )函数简介（2）

功能	定义向量
原型	$Vector( )$
参数	la，$Y1$，lb，$Y2$，lc，$Y3$
返回	坐标点

运行结果如图 2-18 所示。

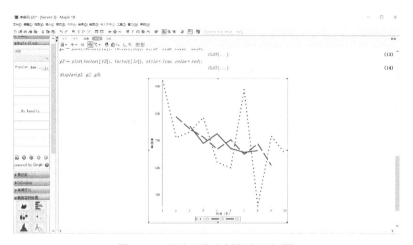

图 2-18　移动平均分析程序运行图

2.5　蒸发量的计算

蒸发是水由液体状态转变为气体状态的过程，也是海洋与陆地上的水返回大气的唯一途径。由于蒸发需要一定的热量，蒸发不仅是水的交换过程，也是热量的交换过程，是水和热量变化的综合反映。

蒸发量的计算包括水面蒸发、土壤蒸发、植物蒸发以及流域总蒸发量的计算，涉及面比较宽，方法也多种多样。但归纳起来不外乎三种途径：一是采用一定的仪器和某种手段进行直接测定；二是根据典型资料建立地区经验公式，进行估算；三是通过成因分析建立理论公式，进行计算（黄锡荃，1985）。

2.6　蒸发量估计

以集水区蒸发水汽的流动为基础的各种经验公式都是可以利用的。一般形式如下：

$$E = (e_s - e_a)f(u) \tag{2.4}$$

式中，E 为蒸发量；e_s 为水体表面温度下的饱和水汽压；e_a 为大气的水汽压力；$f(u)$ 为风速函数；u 为高于水面指定距离的风速。

式（2.4）建立的原理是蒸发量主要取决于蒸汽压力梯度和风速，是在假设水量供应充足的条件下，测量潜在蒸发量的方法，如水库或者湖泊的蒸发量，而陆地表面的实际蒸发量可能远小于潜在的蒸发量。这种估计蒸发量的方法被称作蒸汽流法、传质技术或气动方法。由于公式是根据经验建立的，所以风速函数 $f(u)$ 必须根据各个地方的具体情况来确定，而且所确定的公式通常不能使用到其他地区。

通过结合热量收支方法和蒸汽流动方法，彭曼推导出一个可以只根据气象数据计算蒸发的方程式，这就是

$$E = \frac{\Delta}{\Delta + \gamma}H + \frac{\Delta}{\Delta + \gamma}E_a \tag{2.5}$$

式中，E 为蒸发量，mm/d；Δ 为饱和水汽压和温度的关系曲线的斜率；γ 为湿度常数，mb/℃；E_a 为单位时间内开阔水域的蒸发量，mm/d，假设条件是表面温度与空气温度相等；H 为用等值的毫米数表示每天蒸发的净辐射交换。

彭曼方程可用如下方式解决：

饱和水汽压曲线的斜率可以通过对另外一个近似曲线进行微分运算得到，如下式：

$$\Delta = (0.00815T_a + 0.8912)^7 \tag{2.6}$$

式中，T_a 为大气温度，℃，取 $\gamma = 0.66$。

$$\frac{\Delta}{\Delta + \gamma} = \left[1 + \frac{0.66}{(0.00815T_a + 0.8912)^7}\right]^{-1} \tag{2.7}$$

$$\frac{\gamma}{\Delta + \gamma} = 1 - \frac{\Delta}{\Delta + \gamma} \tag{2.8}$$

净辐射交换可以通过下列计算得到

$$H = 7.14 \times 10^{-3} R_A + 5.26 \times 10^{-6} R_A (T_a + 17.8)^{1.87}$$
$$+ 3.94 \times 10^{-6} R_A^2 - 2.39 \times 10^{-9} R_A^2 (T_a - 7.2) - 1.02 \tag{2.9}$$

式中，R_A 为假定透明大气层没有云层条件下的日太阳辐射量，cal/(cm^2·d)。这个数量取决于纬度以及在一年内所处的时间。列表中的数据在各种资源条件下都可以利用。

开放水域的蒸发量可以通过下面的方程来估计：

$$E_a = (e_s - e_a)^{0.88}(0.42 + 0.0029)V_p \tag{2.10}$$

式中，V_p 为高于表面 150mm 处的风速，km/h。

$$(e_s - e_a) = 33.86 \left\{ \begin{matrix} (0.00738T_d + 0.8072)^8 \\ -(0.00738T_d + 0.8072)^8 \end{matrix} \right\} \tag{2.11}$$

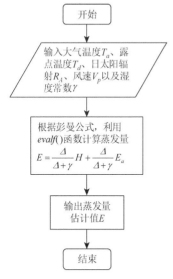

图 2-19　蒸发量的估计程序流程图

式中，T_d 为露点温度。需要说明的是，式（2.10）是建立在前文所述的假设上的，即空气温度和水体表面温度是相同的。这种假设只有在水域深度非常浅或者蒸发发生在类似蒸发皿的情况下才成立。如果要在普通水域中利用上面的等式，就需要利用式（2.5）乘以一个蒸发皿类型系数。

例 2.6 蒸发量的估计。

计算气温为 20℃时某湖泊的日蒸发量，露点温度为 7℃，日太阳辐射 530cal/(cm^2·d)，风速是 9km/h。

蒸发量可以通过彭曼公式[式(2.5)]计算得出。彭曼公式中各变量可根据式（2.6）～式（2.11）依次求出。

程序流程如图 2-19 所示。

在 Maple 编辑窗中的输入和程序响应依次为

> $Ta := 20;\ Td := 7;\ Vp := 216;\ RA := 530;\ My\gamma := 0.66;$

$$0.66$$

$MyVal := (e_s - e_a);$

$$e_s - e_a$$

$$evala\left(33.86 \cdot \left((0.00738Ta + 0.8072)^8 - (0.00738Td + 0.8072)^8\right)\right);$$

$$13.36305624$$

$$MyVal := \%;$$

$$13.36305624$$

$$Ea := (\%)^{0.88}(0.42 + 0.0029Vp);$$

$$9.790324814$$

$$H := 7.14 \cdot 10^{-3} \cdot RA + 5.26 \cdot 10^{-6} \cdot RA(Ta + 17.8)^{1.87} + 3.94 \cdot 10^{-6} \cdot RA^2$$
$$- 2.39 \cdot 10^{-9} \cdot RA^2(Ta - 7.2) - 1.02;$$

$$4.523979369$$

$$My\Delta := (0.00815Ta + 0.8912)^7;$$

$$1.446975185$$

$$evalf\left(E = \left(\frac{My\Delta}{My\Delta + My\gamma}\right)H + \left(\frac{My\gamma}{My\gamma + My\Delta}\right)Ea\right);$$

$$E = 6.173637143$$

程序中所用到的函数见表 2-17 和表 2-18。

表 2-17 *evala*( )函数简介（2）

功能	在代数域计算
原型	*evala*（*expr*）
参数	表达式 *expr*
返回	*expr* 在代数域计算后的结果

表 2-18 *evalf*( )函数简介（3）

功能	将对象转化为浮点数
原型	*evalf*（*expr*）
参数	彭曼公式
返回	蒸发量

运行结果如图 2-20 所示。

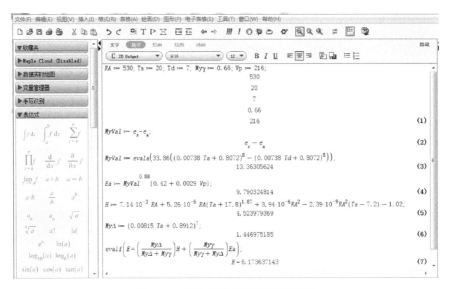

图 2-20   蒸发量的估计程序运行图

2.7   相 对 湿 度

相对湿度是实际水汽压与饱和水汽压的比值，以百分比的形式表示。也就是指某湿空气中所含水蒸气的质量与同温度和气压下饱和湿空气中所含水蒸气的质量之比，这个比值用百分数表示。

相对湿度可以用干湿球温度计来测量。湿球被装进棉布袋并浸在水中，用风扇或者在有绳的一端转动温度计，使温度计及周边的空气流动。在这样的条件下，湿球表面的水蒸发从温度计周围吸收热量而使温度计本身的温度降低。当气温稳定后，前后温度差提供了一个湿球指示。如果周围空气是饱和的，当流动的空气经过湿球时，就不会发生蒸发，温度就不会降低。这就是湿度达到 100% 的状态。如果空气不饱和，热量散失会导致湿球温度计温度下降，降到使空气达到饱和。以这两个温度为基础的湿度表可用于获得相对湿度。或者，在–25～ 35℃的近似值（误差 0.6%以内）可以从如下公式得出：

$$f = 100\left[\frac{112 - 0.1T_a + T_d}{112 + 0.9T_a}\right] \qquad (2.12)$$

式中，f 为相对湿度；T_a 为大气温度；T_d 为露点温度。

水汽压梯度的存在意味着相对湿度未达到 100%。显然，如果水体表面空气中的水汽达到完全饱和，那么水汽就不能从水体表面蒸发出来。因而风在蒸发过程中起到非常重要的作用，因为随着水从水体表面蒸发，水体表面的空气会逐渐饱和。风将饱和的湿空气团带走，带来干燥的空气。温度在这个过程中也发挥着重要的作用，这是因为尽管初始的能量输入包括太阳辐射，但假定环境温度足够高，热能也可以从其他能源获得。实际上，温度有双重效应，因为随着水体表面空气温度升高，饱和水汽压也升高，使空气能够容纳更多的水汽（Sharp and Sawden，1984）。

例 2.7　湿度测定。

表 2-19 给出的数据列出了相对湿度和露点温度（括号内的数值），以表示气温和湿球温差。编写一段程序来比较这些数据和由式（2.12）计算出的数据。

这个程序需要建立一个二维数组，分别容纳指定的气温值 T_a 和湿球温度值 T_d。然后将它们代入式（2.12），并计算期望范围内的相对湿度。

表 2-19　湿球温差数据表

气温/℃	湿球温差/℃					
	2	4	6	8	10	12
0	63（−6）	29（−16）	—	—	—	—
10	77（6）	55（1）	34（−5）	15（−17）	—	—
20	83（17）	66（14）	51（10）	37（5）	24（−1）	12（−4）
30	86（27）	73（25）	61（22）	51（18）	39（15）	30（10）
40	88（38）	77（35）	67（33）	57（30）	48（27）	40（24）

程序流程如图 2-21 所示。

在 Maple 编辑窗中的输入和程序响应依次为

$$\succ f := 100 \text{```} \left(\frac{112 - 0.1\,Ta + Td}{112 + 0.9\,Ta}, 8 \right);$$

$$\frac{100(112 - 0.1\,Ta + Td)^8}{(112 + 0.9\,Ta)^8}$$

$$> A := Vector([0, 10, 20, 30, 40]);$$

$$\begin{bmatrix} 0 \\ 10 \\ 20 \\ 30 \\ 40 \end{bmatrix}$$

$B := matrix\ ([[63, 29, 0, 0, 0, 0], [77, 55, 34, 15, 0, 0], [83, 66, 51, 37, 24, 12],$
$[86, 73, 61, 51, 39, 30], [88, 77, 67, 57, 48, 40]])$

$$\begin{bmatrix} 63 & 29 & 0 & 0 & 0 & 0 \\ 77 & 55 & 34 & 15 & 0 & 0 \\ 83 & 66 & 51 & 37 & 24 & 12 \\ 86 & 73 & 61 & 51 & 39 & 30 \\ 88 & 77 & 67 & 57 & 48 & 40 \end{bmatrix}$$

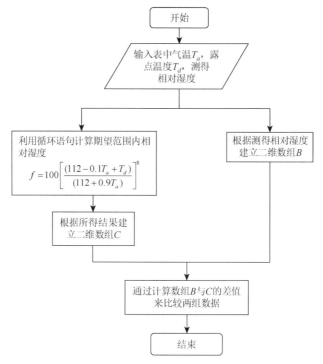

图 2-21　湿度测定流程图

$> Ta := A[1]; Td := [-6, -16];$

$$[-6, -16]$$

$f1 := [x1, x2];$

$$[x1, x2];$$

for i **to** 2 **do** $f1[i] := 100 \backslash\backslash\backslash\left(\dfrac{112 - 0.1\,Ta + Td[i]}{112 + 0.9\,Ta}, 8\right)$ **end do**;

$$29.13571517$$

$f1;$

$$[64.37285051, 29.13571517]$$

$> Ta := A[2]; Td := [6, 1, -5, -17];$

$$[6, 1, -5, -17];$$

$f2 := [y1, y2, y3, y4];$

$$[y1, y2, y3, y4]$$

for i **to** 4 **do** $f2[i] := 100 \backslash\backslash\backslash\left(\dfrac{112 - 0.1\,Ta + Td[i]}{112 + 0.9\,Ta}, 8\right)$ **end do**;

$$13.26599613$$

f2;

$$[76.41945420, 53.88417263, 34.68677792, 13.26599613]$$

$> Ta := A[3]; Td := [17, 14, 10, 5, -1, -4];$

$$[17, 14, 10, 5, -1, -4]$$

f3 := [*z1, z2, z3, z4, z5, z6*];

$$[z1, z2, z3, z4, z5, z6]$$

for *i* **to** 6 **do** $f3[i] := 100 \```\left(\dfrac{112 - 0.1\,Ta + Td[i]}{112 + 0.9\,Ta}, 8\right)$ **end do**;

$$19.53889971$$

f3;

$$[82.96271366, 68.52146863, 52.71122995, 37.50040036, 24.42672062, 19.53889971]$$

$> Ta := A[4]; Td := [27, 25, 22, 18, 15, 10];$

f4 := [*a1, a2, a3, a4, a5, a6*];

$$\_[a1, a2, a3, a4, a5, a6]$$

for *i* **to** 6 **do** $f4[i] := 100 \```\left(\dfrac{112 - 0.1\,Ta + Td[i]}{112 + 0.9\,Ta}, 8\right)$ **end do**;

$$28.85740596$$

f4;

$$[83.98328634, 74.59676344, 62.23747479, 48.56365503, 40.11022324, 28.85740596]$$

$> Ta := A[5]; Td := [38, 35, 33, 30, 27, 24];$

f5 := [*b1, b2, b3, b4, b5, b6*];

$$\_[b1, b2, b3, b4, b5, b6]$$

for *i* **to** 6 **do** $f5[i] := 100 \```\left(\dfrac{112 - 0.1\,Ta + Td[i]}{112 + 0.9\,Ta}, 8\right)$ **end do**;

$$40.04033723$$

f5;

$$[89.68692275, 75.96168268, 67.86708221, 57.13983315, 47.92657843, 40.04033723]$$

$> C := matrix([[f1[1], f1[2], 0, 0, 0, 0], [f2[1], f2[2], f2[3], f2[4], 0, 0], f3, f4, f5]);$

$$\begin{bmatrix} 64.37285051 & 29.13571517 & 0 & 0 & 0 & 0 \\ 76.41945420 & 53.88417263 & 34.68677792 & 13.26599613 & 0 & 0 \\ 82.96271366 & 68.52146863 & 52.71122995 & 37.50040036 & 24.42672062 & 19.53889971 \\ 83.98328634 & 74.59676344 & 62.23747479 & 48.56365503 & 40.11022324 & 28.85740596 \\ 89.68692275 & 75.96168268 & 67.86708221 & 57.13983315 & 47.92657843 & 40.04033723 \end{bmatrix}$$

$evalm(B - C);$

$$\begin{bmatrix} -1.37285051 & -.13571517 & 0 & 0 & 0 & 0 \\ 0.58054580 & 1.11582737 & -.68677792 & 1.73400387 & 0 & 0 \\ 0.03728634 & -2.52146863 & -1.71122995 & -.50040036 & -.42672062 & -7.53889971 \\ -3.68692275 & -2.96168268 & -6.86708221 & -6.13983315 & -8.92657843 & -10.04033723 \\ -1.68692275 & 1.03831732 & -.86708221 & -.13983315 & 0.07342157 & -0.04033723 \end{bmatrix}$$

程序中所用到的函数的功能及用法见表 2-20 和表 2-21。

表 2-20　*Vector*( )函数简介（3）

功能	定义向量
原型	*Vector*（*init*）
参数	向量的初始值
返回	向量

表 2-21　*matrix*( )函数简介

功能	生成矩阵
原型	*matrix*（*init*）
参数	矩阵的初始值 *init*
返回	矩阵

运行结果如图 2-22 所示。

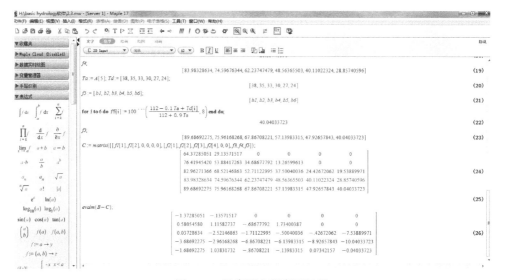

图 2-22　湿度测定程序运行图

第3章　地表水及流域产汇流

3.1　径　　流

径流是指降水所形成的，沿着流域地面和地下向河川、湖泊、水库、洼地等流动的水流。流域内，自降水开始到水流汇集到流域出口断面的整个物理过程，称为径流形成过程，一般把径流形成过程概括为产流过程和汇流过程两个阶段。降雨扣除植物截留、下渗、填洼等损失后，剩余的部分称为净雨。净雨在数量上等于所形成的径流量。降雨扣除损失转化为净雨的过程称为产流过程，净雨量也称为产流量，净雨量的计算称为产流计算。净雨沿坡面从地面和地下汇入河网，然后经河网汇集到流域出口断面，这一完整的过程称为流域汇流过程，与之相应的计算称为汇流计算。二者合称为流域产汇流计算（詹道江和叶守泽，2005）。

径流过程是地球上水文循环的重要一环，也是一个复杂多变的过程，其与人类同灾害进行斗争以及水资源的开发利用、水环境保护等生产、经济活动密切相关。

河川径流在一年内和多年期间的变化特性称为径流情势，常用径流量、径流深、径流模数、径流系数来表示。

1）径流量

径流量是指时段 T 内通过河流某一断面的总水量，记为 W，以 m^3、$10^4 m^3$ 或 $10^8 m^3$ 计。

$$W = \int_{t_1}^{t_2} Q(t) \mathrm{d}t = \overline{Q}T \tag{3.1}$$

式中，$Q(t)$ 为 t 时刻流量，m^3/s；t_1、t_2 为时段始、末时刻；T 为计算时段，$T = t_2 - t_1$，s；$\overline{Q}$ 为计算时段内平均流量，m^3/s。

2）径流深

将径流量平铺在整个流域面积上所得的水层深度，记为 R，以 mm 计。按式（3.2）计算：

$$R = \frac{W}{1000F} = \frac{\overline{Q}T}{1000F} \tag{3.2}$$

式中，W 为时段 T 内径流量，m^3；$\overline{Q}$ 为时段 T 内平均流量，m^3/s；T 为计算时段，s；F 为流域面积，m^2。

3）径流模数

流域出口断面流量与流域面积之比称为径流模数，记为 M，以 L/(s·km^2)计。按式（3.3）计算：

$$M = \frac{1000Q}{F} \tag{3.3}$$

式中，Q 为洪峰流量时，相应的 M 为洪峰流量模数；Q 为多年平均流量时，则相应的 M 为多年平均流量模数。

4）径流系数

某一时段的径流深 R 与相应时段内流域平均降水深度 P 之比称为径流系数，记为 α。按式（3.4）计算：

$$\alpha = \frac{R}{P} \tag{3.4}$$

$R<P$，故 $\alpha<1$。

例 3.1　某水文站流域面积 $F = 54500\text{m}^2$，多年平均降水量 $P = 1650\text{mm}$，多年平均流量 $Q = 1680\text{m}^3/\text{s}$。根据这些资料可计算多年平均径流量、多年平均径流深、多年平均径流模数以及多年平均径流系数。

在 Maple 编辑窗中输入的代码和程序响应依次为

1）多年平均径流量

$> T := 365 \cdot 24 \cdot 60 \cdot 60$

$$31536000$$

$Q := 1680$

$$1680$$

$W := Q \cdot T$

$$52980480000$$

2）多年平均径流深

$> F := 54500$

$$54500$$

$R := \dfrac{W}{1000 \cdot F}$

$$\frac{2649024}{2725}$$

$evalf\left(\dfrac{2649024}{2725}\right);$

$$972.1188991$$

3）多年平均径流模数

$> Q := 1680 ; F := 54500 ;$

$$1680$$

$$54500$$

$$M := \frac{1000 \cdot Q}{F}$$

$$\frac{3360}{109}$$

$$evalf\left(\frac{3360}{109}\right)$$

$$30.82568807$$

4）多年平均径流系数

$> P := 1650 ;$

$$1650$$

$$\alpha := \frac{R}{P}$$

$$\frac{441504}{749375}$$

3.2　降雨径流要素计算

　　流域产流计算一般需要先对实测暴雨、径流和蒸发等资料做一定的整理分析，以定量研究它们之间的因果关系和规律。流域产流计算包括流域降雨分析、径流量计算和前期影响雨量等。以下将介绍这些要素在 Maple 中的分析计算方法。

　　降雨开始时，流域内包气带土壤含水量的大小是影响降雨形成径流过程的一个重要因素。土壤含水量的实测资料很少，即使有也只能代表个别点的实际状况，而不能代表土壤含水量在整个流域中的复杂的分布状况。因此，水文学中用间接的方法来表示流域内土壤含水量的分布规律。目前常采用的方法有两种：一种是前期影响雨量 P_a；另一种是流域的蓄水量 WM（詹道江和叶守泽，2005）。以下将分别介绍前期影响雨量和流域最大蓄水量及消退系数的计算方法。

3.2.1　前期影响雨量 P_a 的计算公式

　　如果流域内前后两天无雨，前期影响雨量 P_a 的定义为

$$P_{a,t+1} = KP_{a,t} \tag{3.5}$$

式中，$P_{a,t}$ 为第 t 日的前期影响雨量，mm；$P_{a,t+1}$ 为第 $t+1$ 日的前期影响雨量，mm；K 为土壤含水量的日消退系数或折减系数。

如果第 t 日内有降雨 P_t，但未产流，则

$$P_{a,t+1} = K(P_{a,t} + P_t) \tag{3.6}$$

如果第 t 日内有降雨 P_t，并产生径流 R_t，则

$$P_{a,t+1} = K(P_{a,t}P + P_t - R_t) \tag{3.7}$$

但在实际应用中，由于 R_t 不易求得，所以一般仍按 $P_{a,t+1} = K(P_{a,t}P + P_t)$ 来计算，但 P_a 值不应大于流域最大蓄水量 WM，所以当计算出的 P_a 值大于 WM 时，取 WM 作为该日的 P_a 值。

3.2.2　流域最大蓄水量 WM 和消退系数 K

流域最大蓄水量又称流域蓄水容量，包括植物截留、填洼以及包气带或者影响土层的蓄水容量，相当于田间持水量与凋萎系数的差值。

WM 是流域综合平均指标，一般用实测雨洪资料分析确定。选取久旱无雨后一次降水量较大且全流域产流的雨洪资料，计算流域平均降水量 P 及产流量 R。因久旱无雨，可认为降雨开始时 $P_a \approx 0$，所以

$$WM = P - R - E \tag{3.8}$$

式中，E 为雨期蒸发量。

消退系数 K 综合反映流域蓄水量因流域蒸散发而减少的特性，因此，可以直接用水文气象资料分析确定。流域蒸散发一方面取决于蒸散发能力，另一方面取决于洪水条件及流域蓄水量的大小。实用中一般假定流域蒸散发量 E 与流域蓄水量 W 成正比（詹道江和叶守泽，2005），即

$$\frac{E_t}{EM} = \frac{W_t}{WM} \quad \text{或} \quad E_t = \frac{EM}{WM} W_t \tag{3.9}$$

又有 $P_{a,t} = W_t$，将上式代入求得

$$K = 1 - \frac{EM}{WM} \tag{3.10}$$

式中，EM 为流域日蒸散发能力。

例 3.2　某流域经分析 WM = 100mm，6 月、7 月平均 EM 分别为 5.6mm/d、6.8mm/d。试计算表 3-1 中 6 月 25 日～7 月 5 日的逐日 P_a 值。

表 3-1 P_a 计算表

月	日	P/mm	EM/(mm/d)	K	P_a/mm
6	25	60.3	5.6	0.994	
6	26	78.8		0.994	
6	27	14.7		0.994	100
6	28			0.994	100
6	29			0.994	94.4
6	30			0.994	89.1
7	1		6.8	0.923	83.0
7	2	20.2		0.923	77.4
7	3	21.9		0.923	90.9
7	4	2.2		0.923	100
7	5			0.923	95.3

程序的流程如图 3-1 所示。

在 Maple 编辑窗中的输入和程序响应依次为

$$> K := EM \rightarrow 1 - \frac{EM}{100}$$

$$EM \rightarrow 1 - \frac{EM}{100}$$

$map(K, [5.6, 6.8])$

$$[0.9440000000, 0.9320000000]$$

6

$K_6 := 0.9440000000$

$$0.9440000000$$

据资料得，6 月 25～27 日雨量很大，并产生了径流，故 6 月 27 日 P_a 值取 100mm：

$p := 100$

$$100$$

$p := (x, y) \rightarrow 0.9440000000 \cdot (x + y)$

$$(x, y) \rightarrow 0.9440000000(x + y)$$

$map(p, (14.7, 100))$

$$108.2768000$$

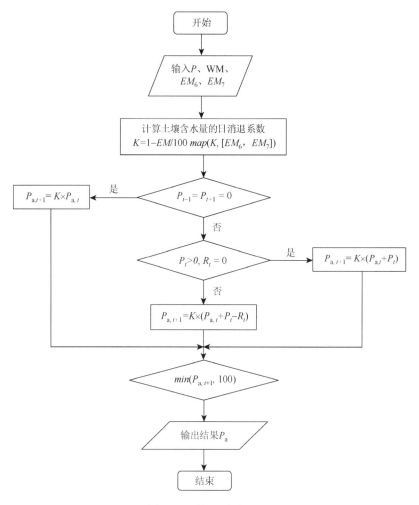

图 3-1 计算 P_a 值流程图

$min(108.2768000, 100)$

$$100$$

$map(p, (0, 100))$

$$94.40000000$$

$map(p, (0, 94.40000000))$

$$89.11360000$$

7
$K_7 := 0.9320000000$

$$0.9320000000$$

$$q := (x, y) \rightarrow 0.9320000000 \cdot (x + y)$$

$$(x, y) \rightarrow 0.9320000000(x + y)$$

$map(q, (0, 89.11360000))$

$$83.05387520$$

$map(q, (0, 83.05387520))$

$$77.40621169$$

$map(q, (20.2, 77.40621169))$

$$90.96898930$$

$map(q, (21.9, 90.96898930))$

$$105.1938980$$

$min(105.1938980, 100)$

$$100$$

$map(q, (2.2, 100))$

$$95.25040000$$

程序中所使用的函数的简短说明见表 3-2 和表 3-3。

表 3-2　map( )函数简介

功能	将指定过程作用于表达式中的所有项
原型	map（fcn，$expr$）
参数	过程 fcn，表达式 $expr$
返回	过程 fcn 作用到表达式 $expr$ 中每一项后的结果

表 3-3　min( )函数简介

功能	求最小值
原型	$min(x_1, x_2, \cdots)$
参数	前期影响雨量 P_a；流域最大蓄水量 WM
返回	P_a 与 WM 之间较小的那个值

运行结果如图 3-2 所示。

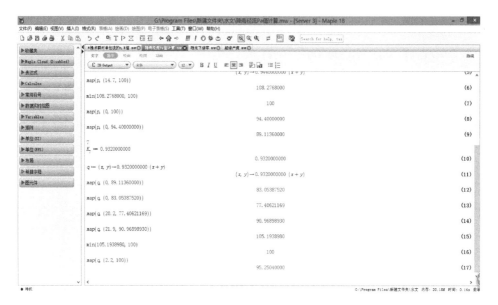

图 3-2   计算 P_a 值程序运行图

3.3   流域产流分析与计算

降落到流域内的雨水一部分会损失掉，剩下的部分形成径流。我们把降雨扣除损失部分成为净雨的过程称为产流过程，净雨量也称为产流量。流域中各种径流成分的生成过程称为产流，其实质是水分在下垫面垂直运行中，在各种因素综合作用下的发展过程。

3.3.1   蓄满产流的产流量计算

"蓄满产流"是指包气带土壤含水量达到田间持水量之前不产流，这时称为"未蓄满"，此前的降雨全部被土壤吸收，补充包气带缺水量。包气带土壤含水量达到田间持水量时，称为"蓄满"，蓄满后开始产流，此后的降雨扣除雨期蒸散发后全部形成净雨。因为只有在蓄满的地方才产流，所以产流期的下渗为稳定下渗率 f_c。下渗的雨量形成地下径流，超渗的雨量成为地面径流。这种产流模式称为蓄满产流，也称作饱和产流（詹道江和叶守泽，2005）。

总径流量包括地面径流和地下径流，即

$$R = \text{RS} + \text{RG} \qquad (3.11)$$

由于地面径流和地下径流的汇流特性不同，需要将总径流量 R 划分为地面径流 RS 和地下径流 RG，以便分别进行汇流计算。

在蓄满产流的实际计算中，当包气带达到田间持水量，即包气带蓄满后才产流，此时的下渗率为稳定下渗率 f_c。当雨强 $i > f_c$ 时，$i-f_c$ 形成地面径流，f_c 形成地下径流。

用 $P_{\Delta t}$ 表示 Δt 时段内的降雨量，$E_{\Delta t}$ 表示蒸散发量，F_R 表示产流面积。

由于只有在产流面积上才发生稳定下渗，所以时段内所产生的地下径流量 $\mathrm{RG}_{\Delta t} = \dfrac{F_R}{F} f_c \Delta t$（$F$ 表示全流域面积），而时段的总产流量 $R_{\Delta t} = \dfrac{F_R}{F}(P_{\Delta t} - E_{\Delta t})$，由此可得 $\dfrac{F_R}{F} = \dfrac{R_{\Delta t}}{P_{\Delta t} - E_{\Delta t}}$，即产流面积等于径流系数，所以，

当 $P_{\Delta t} - E_{\Delta t} \geqslant f_c \Delta t$ 时，产生地面径流，下渗的水量 $f_c \Delta t$ 在产流面积上形成的地下径流 $\mathrm{RG}_{\Delta t}$ 为

$$\mathrm{RG}_{\Delta t} = \frac{R_{\Delta t}}{P_{\Delta t} - E_{\Delta t}} f_c \Delta t \qquad (3.12)$$

当 $P_{\Delta t} - E_{\Delta t} < f_c \Delta t$ 时，不产生地面径流，$(P_{\Delta t} - E_{\Delta t})$ 全部下渗，在产流面积上形成的地下径流 $\mathrm{RG}_{\Delta t}$ 为

$$\mathrm{RG}_{\Delta t} = \frac{F_R}{F}(P_{\Delta t} - R_{\Delta t}) = R_{\Delta t} \qquad (3.13)$$

对一场降雨过程，产生的地下径流总量为

$$\sum \mathrm{RG}_{\Delta t} = \sum_{P_{\Delta t} - E_{\Delta t} \geqslant f_c \Delta t} \frac{R_{\Delta t}}{P_{\Delta t} - E_{\Delta t}} f_c \Delta t + \sum_{P_{\Delta t} - E_{\Delta t} < f_c \Delta t} R_{\Delta t} \qquad (3.14)$$

因此，只要知道流域的稳定下渗率就可把时段产流量划分为地面、地下径流两部分。

例 3.3 某流域一次降雨过程，已求得各时段产流量，如表 3-4 所示，求得地下径流量 38.1mm，试推求稳定下渗率 f_c。

表 3-4　稳定下渗率计算表

时段序号	降雨历时 /h	$P_{\Delta t} - E_{\Delta t}$/mm	$R_{\Delta t}$/mm	$\alpha = \dfrac{R_{\Delta t}}{P_{\Delta t} - E_{\Delta t}}$	$f_c \Delta t$/mm		$\mathrm{RG}_{\Delta t}$/mm	
					$f_c = 2.0$	$f_c = 1.6$	$f_c = 2.0$	$f_c = 1.6$
1	6	14.5	7.6	0.524	12.0	9.6	6.3	5.0
2	4	4.6	3.7	0.804	8.0	6.4	3.7	3.7
3	6	44.4	44.4	1.000	12.0	9.6	12.0	9.6
4	6	46.5	46.5	1.000	12.0	9.6	12.0	9.6
5	6	14.8	14.8	1.000	12.0	9.6	12.0	9.6
6	1	1.1	1.1	1.000	2.0	1.6	1.1	1.1
$\sum$			118.1				47.1	38.6

程序流程如图 3-3 所示。

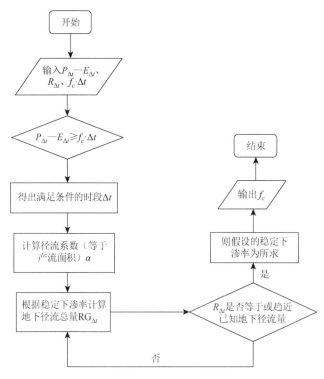

图 3-3　计算稳定下渗率流程图

在 Maple 编辑窗中的输入和程序响应依次为

$> P_{\Delta t} - E_{\Delta t} = PE : R_{\Delta t} : PE := [14.5, 4.6, 44.4, 46.5, 14.8, 1.1]$

$$[14.5, 4.6, 44.4, 46.5, 14.8, 1.1]$$

$R := [7.6, 3.7, 44.4, 46.5, 14.8, 1.1]$

$$[7.6, 3.7, 44.4, 46.5, 14.8, 1.1]$$

$P_{\Delta t} - E_{\Delta t} \geqslant f_c \cdot \Delta t$

$$9.6 \leqslant P_6 - E_6$$

$\alpha := [X1, X2, X3, X4, X5, X6]$

$$[X1, X2, X3, X4, X5, X6]$$

$g := i \rightarrow \dfrac{1}{\dfrac{PE[i]}{R[i]}}$

$$i \rightarrow \dfrac{R_i}{PE_i}$$

for *t* **from** 1 **to** 6 **do** *g*(*t*) : **od**

$$0.5241379310$$
$$0.8043478259$$
$$0.9999999999$$
$$0.9999999998$$
$$1.000000000$$
$$1.000000000$$

$$P_{\Delta t} - E_{\Delta t} = PE : PE := [14.5, 4.6, 44.4, 46.5, 14.8, 1.1]$$
$$[14.5, 4.6, 44.4, 46.5, 14.8, 1.1]$$

$$R := [7.6, 3.7, 44.4, 46.5, 14.8, 1.1]$$
$$[7.6, 3.7, 44.4, 46.5, 14.8, 1.1]$$

$$h := [y1, y2, y3, y4, y5, y6]$$
$$[y1, y2, y3, y4, y5, y6]$$

$$h := j \rightarrow \begin{cases} \dfrac{R[j]}{PE[j]} \cdot f_c \cdot \Delta t & PE[j] \geqslant f_c \cdot \Delta t \\ R[j] & PE[j] < f_c \cdot \Delta t \end{cases}$$

$$j \rightarrow piecewise\left(f_c \Delta t \leqslant PE_j, \frac{R_j f_c \Delta t}{PE_j}, PE_j < f_c \Delta t, R_j \right)$$

$$f_c := 2.0; \ \Delta t := 6$$

$$2.0$$
$$6$$

h(1);

$$6.246575340$$

$$\sum_{i=1}^{6} h(i);$$

$$47.04657534$$

$$f_c := 1.6; \ \Delta t := 6$$

$$1.6$$
$$6$$

h(1);

$$4.997260274$$

$$\sum_{i=1}^{6} h(i);$$

$$38.59726027$$

所使用函数的功能及用法说明见表 3-5。

表 3-5　*piecewise*( )函数简介

功能	生成分段函数
原型	$piecewise(cond\_1, f\_1, cond\_2, f\_2)$
参数	条件 $cond\_1$，$cond\_2$；函数表达式 f_1, f_2
返回	分段函数

运行结果如图 3-4 所示。

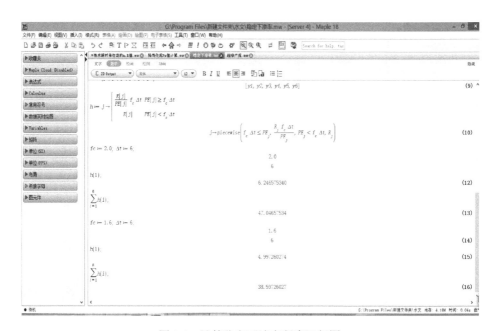

图 3-4　计算稳定下渗率程序运行图

3.3.2　超渗产流的产流量计算

在干旱和半干旱地区，地下水埋藏很深，流域的包气带很厚，缺水量较大，降水过程中下渗的水量不易使整个包气带达到田间持水量，所以不产生地下径流，并且只有当降雨强度大于下渗强度时才产生地面径流，这种产流方式称为超渗产流。流域的下渗规律用下渗曲线来表示。

流域的下渗曲线是从土壤完全干燥开始，在充分供水的条件下的流域下渗能力过程，即下渗强度与下渗历时之间的关系曲线（詹道江和叶守泽，2005）。

下渗曲线 $F_p(t)$-t 用霍顿下渗公式 $f(t) = f_c + (f_0 - f_c)\mathrm{e}^{-\beta t}$ 表示，0～t 积分有

$$F_P(t) = f_c t + \frac{1}{\beta}(f_0 - f_c) - \frac{1}{\beta}(f_0 - f_c)\mathrm{e}^{-\beta t} \tag{3.15}$$

式中，β 为系数；$F_p(t)$ 为 t 时刻累积下渗水量，即累积损失量。这部分水量完全被包气带土壤吸收，所以 $F_p(t)$ 也就是该时刻流域的土壤含水量 W_t。

当 W_0 不变时，令 $\frac{1}{\beta}(f_0 - f_c) = a$，$f_c = b$，则

$$F_P(t) = a + bt - a\mathrm{e}^{-\beta t} \tag{3.16}$$

每次实际雨洪后的流域土壤含水量 $F_P(t) = W_0 + P - R$（超渗产流降雨历时一般不长，雨期蒸散发可忽略）及相应的下渗历时 t 必是上式中的一点。因此，根据历年降雨径流资料可以得出 $F_p(t)$-t 的经验关系曲线，并可拟合成如上式形式的经验公式，经验公式的微分曲线记为下渗曲线。

例 3.4　利用表 3-6 大凌河上窝堡水文站降雨径流资料推求下渗曲线。

用表 3-6 中 $F_P(t)$ 和 t 点绘出 $F_P(t)$-t 关系曲线，拟合曲线方程为 $F_P(t) = 54.2 + 2t - 52.4\mathrm{e}^{-0.25t}$，对 t 求导数，得流域平均下渗曲线方程 $F_P(t) = 2 + 13.1\mathrm{e}^{-0.25t}$。

表 3-6　上窝堡水文站降雨径流资料表

时间（年.月.日）	P/mm	R/mm	W_0/mm	t/mm	$F_p(t) = W_0 + P - R$/mm
1956.7.25	27.8	10.0	19.7	5	37.5
1956.8.4	111.0	40.0	5.0	15	76.0
1957.*.*	23.4	2.7	10.0	3	30.7
1959.6.1	23.4	2.5	9.5	3	30.4
1959.6.4	86.6	17.8	10.9	21	79.7
1959.7.3	11.8	1.4	14.6	3	25.0
1959.8.5	14.4	1.4	12.9	3	25.9
1959.8.7	45.4	5.8	9.2	12	48.8
1959.8.8	48.8	11.5	24.2	12	61.5
1960.9.3	23.6	1.2	11.0	4	33.4
1961.7.1	41.6	3.3	16.0	8	54.3
1961.7.2	35.0	0.5	19.0	9	53.5
1962.7.2	68.5	2.6	8.1	15	74.0
1962.7.25	184.0	68.2	26.9	45	142.7

.*.*代指具体日期的月和日不清楚。

程序流程如图 3-5 所示。

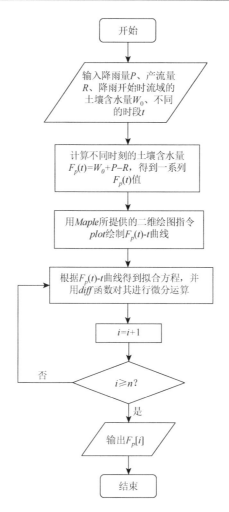

图 3-5　根据降雨径流推求下渗曲线流程图

在 Maple 编辑窗中的输入和程序响应依次为

$> plot([[5, 37.5], [15, 76.0], [3, 30.7], [3, 30.4], [21, 79.7], [3, 25.0], [3, 25.9],$
$[12, 48.8], [12, 61.5], [4, 33.4], [8, 54.3], [9, 53.5], [15, 74.0], [45, 142.7]],$
$style = point)$

运行上述程序得到下渗曲线图,如图 3-6 所示。

$F_P(t) = 52.4 + 2t - 52.4\mathrm{e}^{-0.25t}$

$$F_P(t) = 52.4 + 2t - 52.4\mathrm{e}^{-0.25t}$$

$diff(52.4 + 2t - 52.4\mathrm{e}^{-0.25t}, t)$

$$2 + 13.100\mathrm{e}^{-0.25t}\ln(\mathrm{e})$$

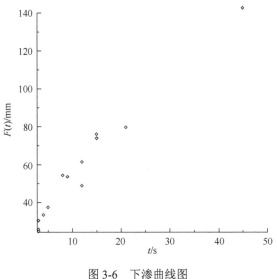

图 3-6　下渗曲线图

$t := [5, 15, 3, 3, 21, 3, 3, 12, 12, 4, 8, 9, 15, 45]$

$$[5, 15, 3, 3, 21, 3, 3, 12, 12, 4, 8, 9, 15, 45]$$

$f_p := [x1, x2, x3, x4, x5, x6, x7, x8, x9, x10, x11, x12, x13, x14]$

$$[x1, x2, x3, x4, x5, x6, x7, x8, x9, x10, x11, x12, x13, x14]$$

for i **from** 1 **to** 14 **do** $f_p[i] := 2 + 13.100\, e^{-0.25\, t[i]}$ **od**

$$2 + 13.100\, e^{-0.25\, t_1}$$
$$2 + 13.100\, e^{-0.25\, t_2}$$
$$2 + 13.100\, e^{-0.25\, t_3}$$
$$2 + 13.100\, e^{-0.25\, t_4}$$
$$2 + 13.100\, e^{-0.25\, t_5}$$

程序中所使用函数的说明见表 3-7。

表 3-7　*diff*( )函数简介

功能	对函数求导
原型	*diff*(*f*(*x*), *x*)
参数	土壤含水量方程 $F_p(t)$
返回	下渗曲线 $F_p(t)$

运行结果如图 3-7 所示。

图 3-7　根据降雨径流推求下渗曲线程序运行图

3.4　流域汇流的计算

净雨沿坡面从地面和地下汇入河网，然后沿着河网汇集到流域出口断面，这一完整的过程称为流域汇流过程。通常可以把流域分为坡地和河网两个基本部分，因此，流域汇流也可以分为坡地汇流和河网汇流两部分。流域汇流是研究流域上的地面净雨、表层流净雨和地下净雨如何转化为流域出口断面流量过程的。

3.4.1　单位线法

在给定的流域上，单位时段内均匀分布的单位地面（直接）净雨量，在流域出口断面形成的地面（直接）径流过程线，称为单位线。利用单位线来推求洪水汇流过程线，称单位线法。单位线反映了流域的坡地和河网综合调蓄后的洪水运动规律（詹道江和叶守泽，2005）。

因为实际净雨量并不一定正好是一个单位和一个时段，所以分析时有如下两条假定：

1）倍比假定

如果单位时段内的净雨不是一个单位而是 k 个单位，则形成的流量过程是单位线纵坐标的 k 倍。

2）叠加法则假定

如果净雨不是一个时段而是 m 个时段，则形成的流量过程是各个时段净雨形成的部分流量过程错开时段叠加。

根据上述假定，流域出口断面流量过程线的表达式为

$$Q_i = \sum_{j=1}^{m} \frac{h_i}{10} q_{i-j+1} \begin{cases} i=1,2,\cdots,l \\ j=1,2,\cdots,m \\ i-j+1=1,2,\cdots,n \end{cases} \quad (3.17)$$

式中，Q_i 为流域出口断面各时刻流量值，$\mathrm{m^3/s}$；h_i 为各时段净雨量，mm；q_{i-j+1} 为单位线各时段纵坐标，$\mathrm{m^3/s}$；l 为流域出口断面流量过程线时段数；m 为净雨时段数；n 为单位线时段数。

单位线可以用实测的降水径流资料来推求。其步骤是：

（1）根据实测的降水径流资料制作单位线时，首先应选择时空分布较均匀、历时较短的降水形成的单峰洪水来分析。

（2）求出本次降水各时段的流域平均雨量，扣除损失，得出各个时段净雨量 h_i，净雨时段 Δt。

（3）由实测流量过程线上分割地下径流及计算地面径流深，使净雨量等于地面径流深，即 $\sum h_i = y$。

（4）将流量过程线割去地下水以后得到的地面径流过程线各个时段纵坐标值，除以净雨量的单位数（一个单位为 10mm）就可得出单位线。将该单位线代入其他多时段净雨的洪水中进行验算，将算得的流量过程与实测洪水进行对比，如发现明显不符，可将单位线进行修正，直到最后由单位线推出的流量过程符合实际情况。

而在实际状况中，恰好有一个水文资料符合规定时段的洪水过程线是不多见的，因此需要从多时段净雨的洪水资料分析出单位线，最常用的方法是分析法。

设出口断面的地面流量过程为 $Q_1, Q_2, \cdots, Q_i$，流域的净雨过程为 $h_1, h_2, \cdots, h_m$，根据上述假定，构成以 $q_1, q_2, \cdots, q_n$ 为未知数的线性代数方程组，解之即可得单位线。这就是单位线的直接分析法。由式（3.17）得

$$q_i = \frac{Q_i - \sum_{j=2}^{m} \frac{h_i}{10} q_{i-j+1}}{\frac{h_i}{10}} \begin{cases} i=1,2,\cdots,l \\ j=1,2,\cdots,m \end{cases} \quad (3.18)$$

式中，$n = l - m + 1$。

例 3.5　用分析法来推算单位线。

某流域实测流量资料分割地下径流后的地面径流过程以及推算出的地面净雨过程见表 3-8，试分析单位线（詹道江和叶守泽，2005）。

本例净雨时段数 $m=2$ ，地面流量过程时段数 $l=20$ ，计算时段 $\Delta t=12h$ 。

表 3-8 单位线分析计算表

时间 （月.日.时）	地面径流量 $Q/(m^3/s)$	净雨 h/mm	净雨 15.7mm 产生的径流量 $/(m^3/s)$	净雨 5.9mm 产 生的径流量 $/(m^3/s)$	单位线纵 标 $q/(m^3/s)$	修正后单 位线纵标 $q/(m^3/s)$	单位线时段数 （ $\Delta t=12h$ ）
9.24.9	0		0		0	0	
9.24.1	120	15.7	120	0	76	76	1
9.25.9	275	5.9	230	45	146	146	2
9.25.21	737		651	86	415	415	3
9.26.9	1065		821	244	523	523	4
9.26.21	840		532	308	339	345	5
9.27.9	575		376	199	240	241	6
9.27.21	389		248	141	158	157	7
9.28.9	261		168	93	107	110	8
9.28.21	180		117	63	75	73	9
9.29.9	128		84	44	53	52	10
9.29.21	95		63	32	40	42	11
9.30.9	73		49	24	31	37	12
9.30.21	55		37	18	24	31	13
10.1.9	40		26	14	17	26	14
10.1.21	29		19	10	12	21	15
10.2.9	19		12	7	8	16	16
10.2.21	12		7	5	5	10	17
10.3.9	6		3	3	2	5	18
10.3.21	1		0	1	0	0	19
10.4.9	0			0			20
Σ					2271	2326	

程序流程如图 3-8 所示。

在 Maple 编辑窗中的输入和程序响应依次为

> $Qi=[120,275,737,1065,840,575,389,261,180,128,95,73,55,40,29,19,12,$
$6,1,0]$

$[120,275,737,1065,840,575,389,261,180,128,95,73,55,40,29,19,12,6,1,0]$

$q_i:=[x1,x2,x3,x4,x5,x6,x7,x8,x9,x10,x11,x12,x13,x14,x15,x16,x17,$
$x18,x19,x20]$

$[x1, x2, x3, x4, x5, x6, x7, x8, x9, x10,$
　　$x11, x12, x13, x14, x15, x16, x17, x18, x19, x20]$

$h1 := 15.7; h2 := 5.9;$

$$15.7$$
$$5.9$$

$x1 := 76.4$

$$76.4$$

$\textbf{for } i \textbf{ from } 2 \textbf{ to } 20 \textbf{ do } qi[t] := \dfrac{\left(Qi[t] - \dfrac{h2}{10} \cdot qi[t-1]\right)}{\dfrac{h1}{10}} \ \textbf{od;}$

$$146.4484076$$
$$414.3919997$$
$$522.6170192$$
$$338.6343686$$
$$238.9845366$$
$$157.9612251$$
$$106.8808135$$
$$74.48428025$$
$$53.53775455$$
$$40.39027059$$
$$31.31830596$$
$$23.26254744$$
$$16.73573058$$
$$12.18211399$$
$$7.523918949$$
$$4.815852115$$
$$2.011877231$$
$$-0.1191130994$$
$$0.04476224755$$

运行结果如图 3-9 所示。

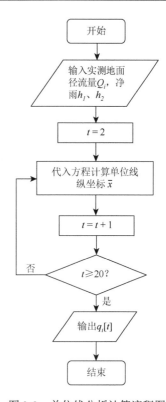

图 3-8　单位线分析计算流程图

图 3-9　单位线分析计算程序运行图

3.4.2　单位线的时段转换

　　单位线应用时，往往因实际降雨历时和已知单位线的时段长不相符合，不能任意移用。另外，在对不同流域的单位线进行地区综合时，各流域的单位线也应取相同的时段长才能综合。因此，需要进行单位线的时段转化。具体方法如下。

　　假定流域上净雨持续不断，且每一时段净雨均为同一单位，在流域出口断面形成的流量过程线为 S 曲线，而该曲线某时刻的纵坐标为连续若干个 10mm 净雨所形成的单位线在该时刻的纵坐标值之和。或者说，S 曲线的纵坐标就是单位线纵坐标沿时程的累积曲线，即

$$S_{(t)} = \sum_{j=0}^{k} q_i(\Delta t, t) \tag{3.19}$$

式中，$S_{(t)}$ 为第 i 个时段末（$t = k\Delta t$）S 曲线的纵坐标，m^3/s；q_i 为时段 Δt 的单位线第 i 个时段末的纵坐标，m^3/s；Δt 为单位线时段 h。

　　例 3.6　试将表 3-9 中时段为 $6h$ 的单位线转化为 $3h$ 的单位线。

表 3-9　单位线时段转化计算表

时间 t	原单位线 $\Delta t_0 = 6h$		$S_{(t)}$	$S_{(t-3)}$	$S_{(t)} - S_{(t-3)}$
	时序	$q(t)$			
0			0	0	0
3	0	0	25	0	25
6			76	25	51

续表

| 时间 t | 原单位线 $\Delta t_0 = 6h$ | | $S_{(t)}$ | $S_{(t-3)}$ | $S_{(t)} - S_{(t-3)}$ |
	时序	$q(t)$			
9	1	76	155	76	79
12			285	155	130
15	2	209	500	285	215
18			901	500	401
21	3	616	1161	901	260
24			1390	1161	229
27	4	489	1585	1390	195
30			1746	1585	161
33	5	356	1883	1746	137
36			1981	1883	98
39	6	235	2066	1981	85
42			2141	2066	75
45	7	160	2204	2141	63
48			2251	2204	47
51	8	110	2296	2251	45
54			2329	2296	33
57	9	78	2358	2329	29
60			2379	2358	21
63	10	50	2400	2379	21
66			2414	2400	14
69	11	35	2428	2414	14
72			2437	2428	9
75	12	23	2445	2437	8
78			2449	2445	4
81	13	12	2449	2449	0
83			2449	2449	0
87	14	0	2449		
90			2449		

程序流程如图 3-10 所示。

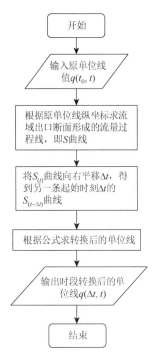

图 3-10　单位线时段转化流程图

在 Maple 编辑窗中的输入和程序响应依次为

> $\Delta t_0 = 6h$

$\Delta t_0 = 6h$

$S_{(t)} := [0, 25, 76, 155, 285, 500, 901, 1161, 1390,$
$1585, 1746, 1883, 1981, 2066, 2141, 2204, 2251,$
$2296, 2329, 2358, 2379, 2400, 2414, 2428, 2437,$
$2445, 2449, 2449, 2449]$

$[0, 25, 76, 155, 285, 500, 901, 1161, 1390, 1585,$
$1746, 1883, 1981, 2066, 2141, 2204, 2251, 2296,$
$2329, 2358, 2379, 2400, 2414, 2428, 2437, 2445,$
$2449, 2449, 2449]$

$nops(S_{(t)})$

$$29$$

$S_{(t-3)} := [0, 0, 25, 76, 155, 285, 500, 901, 1161,$
$1390, 1585, 1746, 1883, 1981, 2066, 2141, 2204,$
$2251, 2296, 2329, 2358, 2379, 2400, 2414, 2428,$
$2437, 2445, 2449, 2449]$

$[0, 0, 25, 76, 155, 285, 500, 901, 1161, 1390, 1585, 1746, 1883, 1981, 2066, 2141,$
$\quad 2204, 2251, 2296, 2329, 2358, 2379, 2400, 2414, 2428, 2437, 2445, 2449, 2449]$

$nops(S_{(t-3)})$

$$29$$

$S_{(t)} - S_{(t-3)}$

$[0, 25, 51, 79, 130, 215, 401, 260, 229, 195, 161, 137, 98, 85, 75, 63, 47, 45, 33, 29,$
$\quad 21, 21, 14, 14, 9, 8, 4, 0, 0]$

当 $\Delta t = 3h$ 时：

$\Delta t = 3$

$$3$$

$t_0 := 6$

$$6$$

$q := \dfrac{t_0}{\Delta t} \cdot (S_{(t)} - S_{(t-3)})$

$[0, 50, 102, 158, 260, 430, 802, 520, 458, 390, 322, 274, 196, 170, 150, 126, 94, 90,$
$\quad 66, 58, 42, 42, 28, 28, 18, 16, 8, 0, 0]$

运行结果如图 3-11 所示。

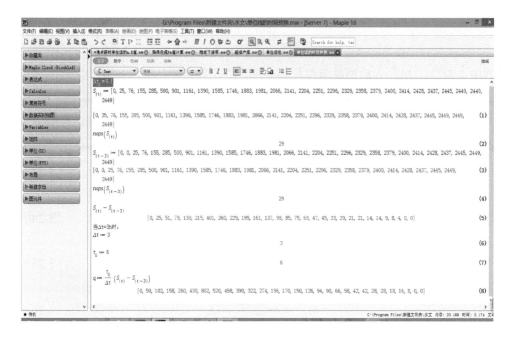

图 3-11　单位线时段转化程序运行图

3.4.3　瞬时单位线法

在单位线法的计算过程中，如果用不同的时段来计算单位线，会得到不同的结果。为消除单位线计算中选取的 Δt 的不同所引起的计算结果的差异，可运用瞬时单位线的方法进行计算。瞬时单位线是由纳西于 1957 年提出的，它是指流域上分布均匀、历时趋于无穷小、强度趋于无穷大，总量为一个单位的地面净雨在流域出口断面形成的地面径流过程线。纳西的瞬时单位线基本方程式为

$$u(0,t)=\frac{1}{K(n-1)!}\left(\frac{t}{K}\right)^{n-1}\mathrm{e}^{-\frac{1}{K}} \tag{3.20}$$

式中，$u(0,t)$ 为瞬时单位线；n 为反映流域调蓄能力的参数，相当于线性水库的个数或水库的调节次数；K 为线性水库的蓄泄系数，相当于流域汇流时间的参数，具有时间因次；n、K 为瞬时单位线的两个参数。当 n、K 减小时，$u(0,t)$ 的洪峰增高，峰值时间提前；而当 n、K 增大时，$u(0,t)$ 的峰值降低，峰值时间推后。

由实测净雨过程 $h(t)$ 和出口断面地面径流过程 $Q(t)$ 确定 K、n 的公式如下：

$$K = \frac{M_Q^{(2)} - M_h^{(2)}}{M_Q^{(1)} - M_h^{(1)}} - (M_Q^{(1)} - M_h^{(1)}) \tag{3.21}$$

$$n = \frac{M_Q^{(1)} - M_Q^{(2)}}{K} \tag{3.22}$$

式中，$M_Q^{(1)}$、$M_Q^{(2)}$ 为地面径流过程的一阶、二阶原点矩；$M_h^{(1)}$、$M_h^{(2)}$ 为地面净雨过程的一阶、二阶原点矩。

各阶原点矩由实测降雨推算的净雨过程和对应的地面径流的出流过程用差分公式计算，公式如下：

$$M_h^{(1)} = \frac{\sum h_i t_i}{\sum h_i} \tag{3.23}$$

$$M_h^{(2)} = \frac{\sum h_i t_i^2}{\sum h_i} \tag{3.24}$$

$$M_Q^{(1)} = \frac{\sum Q_i m_i}{\sum Q_i} \Delta t \tag{3.25}$$

$$M_Q^{(2)} = \frac{\sum Q_i (m_i)^2}{\sum Q_i} (\Delta t)^2 \tag{3.26}$$

式中，$t_i = \left(m_i - \frac{1}{2}\right)\Delta t$，$m_i = 1, 2, \cdots, n-1$。将结果代入式（3.21）和式（3.22）就可求出 K、n。

例 3.7　某流域一次实测暴雨洪水资料如表 3-10 和表 3-11 所示，$F = 349\text{km}^2$，试由一次实测暴雨洪水资料推求瞬时单位线的 n、K 值。

表 3-10　净雨原点矩 $M_h^{(1)}$、$M_h^{(2)}$ 计算表

时间（月.日.时）	地面净雨 h/mm	t_i/h	$h_i t_i$/(mm·h)	$h_i t_i^2$/(mm·h²)	备注
8.7.20					
8.7.23	11.9	1.5	17.85	26.78	
8.8.2	23.8	4.5	107.10	481.95	$M_h^{(1)} = \frac{\sum h_i t_i}{\sum h_i} = \frac{1159.80}{138.6}$
8.8.5	50.9	7.5	381.75	2863.13	$= 8.37(\text{h})$
8.8.8	31.2	10.5	327.60	3439.80	
8.8.11	10.4	13.5	140.40	1895.40	$M_h^{(2)} = \frac{\sum h_i t_i^2}{\sum h_i} = \frac{12024.47}{138.6}$
8.8.14	5.9	16.5	97.35	1606.28	$= 86.76(\text{h}^2)$
8.8.17	4.5	19.5	87.75	1711.13	
Σ	138.6		1159.80	12024.47	

表 3-11　流量原点矩 $M_Q^{(1)}$、$M_Q^{(2)}$ 计算表

时间 （月.日.时）	$Q_{\text{地面}}/(\text{m}^3/\text{s})$	m_i	$Q_i m_i /(\text{m}^3/\text{s})$	$Q_i m_i^2 /(\text{m}^3/\text{s})$	备注
8.7.20	0				
8.7.23	69	1	69	69	
8.8.2	269	2	538	1076	
8.8.5	624	3	1872	5616	
8.8.8	909	4	3636	14544	
8.8.11	781	5	3905	19525	
8.8.14	536	6	3216	19296	
8.8.17	392	7	2744	19208	$M_Q^{(1)} = \dfrac{\sum Q_i m_i}{\sum Q_i} \Delta t = \dfrac{24784}{4479} \times 3$
8.8.20	291	8	2328	18624	$= 16.60(\text{h})$
8.8.23	200	9	1800	16200	
8.9.2	143	10	1430	14300	$M_Q^{(2)} = \dfrac{\sum Q_i m_i^2}{\sum Q_i} (\Delta t)^2$
8.9.5	102	11	1122	12342	
8.9.8	71	12	852	10224	$= \dfrac{168720}{4479} \times 3^2 = 339.02(\text{h}^2)$
8.9.11	47	13	611	7943	
8.9.14	26	14	364	5096	
8.9.17	11	15	165	2475	
8.9.20	5	16	80	1280	
8.9.23	2	17	34	578	
8.10.2	1	18	18	324	
8.10.5	0				
Σ	4479		24784	168720	

程序流程如图 3-12 所示。

在 Maple 编辑窗中的输入和程序响应依次为

> $h := [11.9, 23.8, 50.9, 31.2, 10.4, 5.9, 4.5]$

$$[11.9, 23.8, 50.9, 31.2, 10.4, 5.9, 4.5]$$

$nops(h)$

$$7$$

$H := add(h, h := [11.9, 23.8, 50.9, 31.2, 10.4, 5.9, 4.5])$

$$138.6$$

令 $fh_i t_i, F$

$f := [17.85, 107.10, 381.75, 327.60, 140.40, 97.35, 87.75]$

$$[17.85, 107.10, 381.75, 327.60, 140.40, 97.35, 87.75]$$

$F := add(f, f := [17.85, 107.10, 381.75, 327.60, 140.40, 97.35, 87.75])$

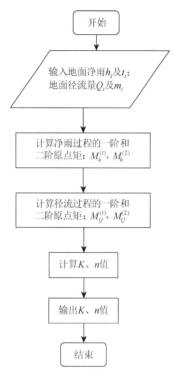

图 3-12　由实测暴雨洪水资料推求
　　瞬时单位线 n、K 值流程图

1159.80

令 g 为 $h_i t_i^2$，G 为 g 的和，则

$g := [26.78, 481.95, 2863.13, 3439.80, 1895.40,$
　　$1606.28, 1711.13]$

$[26.78, 481.95, 2863.13, 3439.80, 1895.40,$
　　　　$1606.28, 1711.13]$

$nops(g)$

7

$G := add(g, g := [26.78, 481.95, 2863.13, 3439.80,$
　　$1895.28, 1606.28, 1711.13])$

12024.47

$$M_F := \frac{F}{H}$$

8.367965368

$$M_G := \frac{G}{II}$$

86.75663781

流量原点距

QS 为 Q 的和，则

$Q := [69, 269, 624, 909, 781, 536, 392, 291, 200,$
　　$143, 102, 71, 47, 26, 11, 5, 2, 1]$

$[69, 269, 624, 909, 781, 536, 392, 291, 200, 143, 102, 71, 47, 26, 11, 5, 2, 1]$

$nops(Q)$

18

$QS := add(Q, Q = [69, 269, 624, 909, 781, 536, 392, 291, 200, 143, 102, 71, 47, 26,$
　　$11, 5, 2, 1])$

4479

$Q_i m_i$ 为 $P1$，$P1S$；$Q_i m_i^2$ 为 $P2$：

$P1 := [69, 538, 1872, 3636, 3905, 3216, 2744, 2328, 1800, 1430, 1122, 852, 611, 364,$
　　$165, 80, 34, 18]$

$[69, 538, 1872, 3636, 3905, 3216, 2744, 2328, 1800, 1430, 1122, 852, 611, 364, 165,$
　　$80, 34, 18]$

$nops(P1)$

$PIS := add(P1, P1 := [69, 538, 1872, 3636, 3905, 3216, 2744, 2328, 1800, 1430, 1122,$

852, 611, 364, 165, 80, 34, 18])

$$24784$$

$P2 := [69, 1076, 5616, 14544, 19525, 19296, 19208, 18624, 16200, 14300, 12342,$

10224, 7943, 5096, 2475, 1280, 578, 324]

[69, 1076, 5616, 14544, 19525, 19296, 19208, 18624, 16200, 14300, 12342, 10224,

7943, 5096, 2475, 1280, 578, 324]

$nops(P2)$

$$18$$

$P2S := add(P2, P2 := [69, 1076, 5616, 14544, 19525, 19296, 19208, 18624, 16200,$

14300, 12342, 10224, 7943, 5096, 2475, 1280, 578, 324])

$$168720$$

$\Delta t := 3$

$$3$$

$$M_Q := \frac{PIS}{QS} \cdot \Delta t$$

$$\frac{24784}{1493}$$

$evalf(\%)$

$$16.60013396$$

$$M_\epsilon := \frac{P2S}{QS} \cdot \Delta t^2$$

$$\frac{506160}{1493}$$

$evalf(\%)$

$$339.0221031$$

求 K :

$$K := \frac{(M_\epsilon - M_G)}{M_Q - M_F} - (M_Q + M_F)$$

$$5.675765952$$

$$n := \frac{(M_Q - M_F)}{K}$$

$$1.450406634$$

程序中所用函数说明见表 3-12～表 3-14。

表 3-12 *nops*( )函数简介

功能	显示多项式的项数
原型	$nops（expr）$
参数	净雨量列表 h_i 或净流量列表 Q_i
返回	短整型

表 3-13 *add*( )函数简介

功能	加法
原型	$add（i, i = L）$
参数	净雨量（h_i）、径流量（Q_i）
返回	双精度数

表 3-14 *evalf*( )函数简介

功能	将对象转化为浮点数
原型	$evalf（expr）$
参数	净雨量一阶原点距、径流量一阶原点距
返回	浮点数

运行结果如图 3-13 所示。

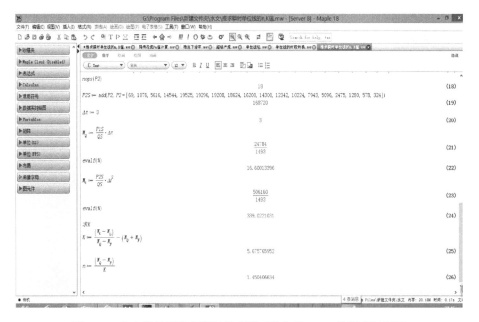

图 3-13 由实测暴雨洪水资料推求瞬时单位线 n、K 值程序运行图

3.4.4　地貌瞬时单位线法

河流是水的产物，河网的特征集中地反映了一个流域的水文情势，同时水的汇集与流动又受到河网的约束。基于流域地貌特征和概率方法的地貌瞬时单位线，是一种物理依据的流域汇流随机模型。

在流域中大量大小相同且互不干预的水滴经过一定的滞留时间到达流域出口断面，这些不同的水滴具有相同的分布函数。根据水量平衡原理及概率论中的大数定律，认为流域的瞬时单位线 $u(t)$ 等同于水滴在流域内滞留的概率密度函数 $f_B(t)$。在天然流域中，随机降落的雨滴沿着任意可能的路径到达出口断面，在所有路径中的可能性就是路径的函数概率。雨滴沿每一路径的随机滞留时间的概率密度函数，乘以各路径的函数概率，并对所有可能路径的上述乘积求和即可得到流域滞留时间的概率密度函数 $f_B(t)$。通过把流域的几何特征对汇流过程的影响有机地联系起来，即可导出地貌瞬时单位线。

地貌瞬时单位线是由三个参数，即转移概率 $P_{ij}(i{\neq}j)$、初始状态概率 $\theta_i(0)$ 和平均滞留时间的倒数 λ_i 所组成的。以下主要讲述转移概率 P_{ij} 和初始状态概率 $\theta_i(0)$ 的确定。

1）转移概率 P_{ij}

P_{ij} 是指 i 级河流中流入 j 级河流的河流数占 i 级河流总数的比率，即

$$P_{ij} = \frac{\text{流入} j \text{级河流的} i \text{级河流数}}{i \text{级河流总数}} = \begin{pmatrix} i=1,2,\cdots,\Omega \\ j=i+1,i+2,\cdots,\Omega+1 \end{pmatrix} \quad (3.27)$$

对于三级河流有

$$\left.\begin{aligned} P_{12} &= \frac{R_B^2 + 2R_B - 2}{2R_B^2 - R_B} \\ P_{13} &= \frac{R_B^2 + 3R_B - 2}{2R_B^2 - R_B} \end{aligned}\right\} \quad (3.28)$$

式中，R_B 为分叉比，即某一级河流数与高一级河流数之比；$R_B = N_{i-1}/N_i$，N_i 为第 i 级河流数；Ω 为水系中最高的河流级别。

2）初始状态概率 $\theta_i(0)$

由雨滴起始状态概率定义可知

$$\theta_i(0) = \frac{\text{第} i \text{级河流的汇流面积}}{\text{流域面积}} \quad (3.29)$$

对于三级河流有

$$\left.\begin{array}{l} \theta_1(0) = R_B^2 R_F^{-2} \\[2mm] \theta_2(0) = \dfrac{R_B}{R_F} - \dfrac{R_B^3 + 2R_B^2 - 2R_B}{R_F^2(2R_B - 1)} \\[3mm] \theta_3(0) = 1 - \dfrac{R_B}{R_F} - \dfrac{R_B}{R_F^2}\left(\dfrac{R_B^3 - 3R_B^2 + 2}{2R_B - 1}\right) \end{array}\right\}$$ （3.30）

式中，R_F 为面积比，即某级河流的平均流域面积与低一级河流的平均流域面积之比，$R_F = \overline{F_i}/\overline{F_{i-1}}$，$\overline{F_i}$ 为第 i 级河流的流域平均面积。

同理可以推求四级、五级以及更多级的河流的地貌瞬时单位线。

例 3.8 浙江省钱塘江水系密赛流域，流域面积 $F = 798\text{km}^2$，河流级别为三级。流域地貌参数及 $\theta_j(0)$ 和 P_{ij} 值见表 3-15。

表 3-15 密赛流域地貌参数及 $\theta_j(0)$ 和 P_{ij} 值表

河流级别	N/条	$\overline{L_i}$/km	$\overline{F_i}$/km^2	R_B	R_L	R_F	$\theta_1(0)$	$\theta_2(0)$	$\theta_3(0)$	P_{12}	P_{13}
1	11	1.50	39.2								
2	3	9.50	116.3	3.30	2.76	4.54	0.5283	0.2840	0.1877	0.8382	0.1618
3	1	35.2	797.6								

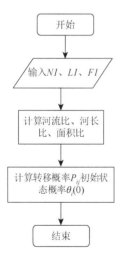

图 3-14 推求地貌瞬时
单位线流程图

程序流程如图 3-14 所示。

在 Maple 编辑窗中的输入和程序响应依次为

$> P_{12} := \dfrac{R_B^2 + 2\cdot R_B - 2}{2\cdot R_B^2 - R_B}$

$$\dfrac{R_B^2 + 2R_B - 2}{2R_B^2 - R_B}$$

$P_{13} := \dfrac{R_B^2 - 3\cdot R_B + 2}{2\cdot R_B^2 - R_B}$

$$\dfrac{R_B^2 - 3R_B + 2}{2R_B^2 - R_B}$$

$R_B := 3.30$

$$3.30$$

$P_{12} := \dfrac{R_B^2 + 2\cdot R_B - 2}{2\cdot R_B^2 - R_B}$

$$0.8382034632$$

$P_{13} := \dfrac{R_B^2 - 3\cdot R_B + 2}{2\cdot R_B^2 - R_B}$

$$0.1617965368$$

$$\theta_1(0) := R_B^2 \cdot R_F^{-2}$$

$$\frac{10.8900}{R_F^2}$$

$$\theta_2(0) := \frac{R_B}{R_F} - \frac{(R_B^3 + 2 \cdot R_B^2 - 2 \cdot R_B)}{R_F^2 \cdot (2 \cdot R_B - 1)}$$

$$\frac{3.30}{R_F} - \frac{9.128035714}{R_F^2}$$

$$\theta_3(0) := 1 - \frac{R_B}{R_F} - \frac{R_B}{R_F^2} \frac{(R_B^3 - 3 \cdot R_B^2 + 2)}{(2 \cdot R_B - 1)}$$

$$1 - \frac{3.30}{R_F} - \frac{3.103767857}{R_F^2}$$

$$R_F := 4.54$$

$$4.54$$

$$\theta_1(0) := R_B^2 \cdot R_F^{-2}$$

$$0.5283432630$$

$$\theta_2(0) := \frac{R_B}{R_F} - \frac{(R_B^3 + 2 \cdot R_B^2 - 2 \cdot R_B)}{R_F^2 \cdot (2 \cdot R_B - 1)}$$

$$0.2840130938$$

$$\theta_3(0) := 1 - \frac{R_B}{R_F} - \frac{R_B}{R_F^2} \frac{(R_B^3 - 3 \cdot R_B^2 + 2)}{(2 \cdot R_B - 1)}$$

$$0.1225442053$$

运行结果如图 3-15 所示。

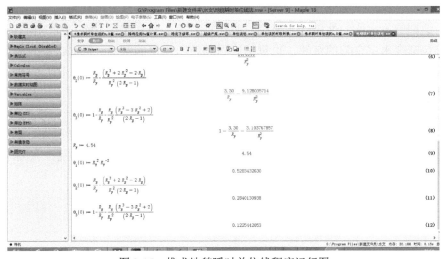

图 3-15　推求地貌瞬时单位线程序运行图

第 4 章 地下水问题

地下水是存在于地表以下岩层空隙中的各种形式水的统称。地下水主要来源于大气降水和地表水的入渗补给;同时以地下渗流方式补给河流、湖泊和沼泽,或直接注入海洋;上层土壤中的水分则以蒸发或被植物根系吸收后再散发入空中,回归大气,从而积极地参与了地球上的水循环过程,以及地球上发生的溶蚀、滑坡、土壤盐碱化等过程。所以,地下水系统是自然界水循环大系统的重要亚系统。

本章主要探讨地下水动力学的一些经典问题。地下水动力学是研究地下水在孔隙岩石、裂隙岩石和岩溶(喀斯特)岩石中运动规律的科学。下面介绍地下水动力学 4 项主要研究内容中的 3 个方面(渗流规律、地下水向河渠的运动、地下水向井的运动及求参方法)及其所包含的典型地下水文问题在 Maple 平台上的求解过程和方法。

4.1 渗 流

地下水沿着一些形状不一、大小各异、弯弯曲曲的通道流动,因此,研究个别孔隙或裂隙中地下水的运动很困难,也没有什么实际意义。正因为这样,人们不直接研究单个地下水质点的运动特征,而研究具有平均性质的渗透规律。实际地下水流仅存在于空隙空间,在研究中我们用一种假象水流来代替真实的地下水流,这种假象水流的性质(如速度、黏滞系数等)和真实地下水相同。但它充满了既包括含水层空隙的空间,也包括岩石颗粒所占据的空间,同时,假设这种假想水流运动时,在任意岩石体积内所受的阻力等于真实水流所受的阻力;通过任一断面的流量及任一点的压力或水头均与实际水流相同。这种假想水流称为渗流(薛禹群,1997)。

根据 *Darcy* 定律求解含水层的渗流速度,由 *Darcy* 定律 $v = KJ$ 可知,在渗透系数 K 一定的条件下,介质中的渗透速度 v 与水力坡度 J 呈线性关系,根据该渗透的基本定律,可以求解地下水在含水层中的渗流速度。

4.1.1 各向同性介质中的渗流速度

在各向同性介质中,设渗透系数为 K,沿三个坐标方向的水力梯度分别为

$$-\frac{\delta H}{\delta x},-\frac{\delta H}{\delta y},-\frac{\delta H}{\delta z}\text{写成矩阵形式}\ J=\begin{pmatrix}-\dfrac{\delta H}{\delta x}\\[6pt]-\dfrac{\delta H}{\delta y}\\[6pt]-\dfrac{\delta H}{\delta z}\end{pmatrix}\qquad(4.1)$$

沿坐标轴方向的速度分量分别设为 V_x、V_y、V_z，写成矩阵形式：$V=\begin{pmatrix}V_x\\V_y\\V_z\end{pmatrix}$，

则根据达西定律 $V=K\times J$ 可得

$$V=\begin{pmatrix}V_x\\V_y\\V_z\end{pmatrix}=K\begin{pmatrix}-\dfrac{\delta H}{\delta x}\\[6pt]-\dfrac{\delta H}{\delta y}\\[6pt]-\dfrac{\delta H}{\delta z}\end{pmatrix}\qquad(4.2)$$

含水层的实际渗流速度 $V=\sqrt{(V_x^2+V_y^2+V_z^2)}$。分别以 H_x、H_y、H_z 代表 x、y、z 方向的水力梯度，此求解过程在 Maple 平台上的实现如下。

程序流程如图 4-1 所示。

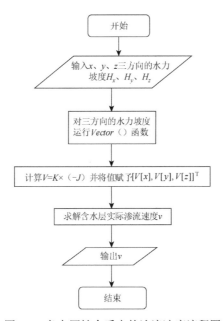

图 4-1　各向同性介质中的渗流速度流程图

在 Maple 编辑窗中的输入和程序响应依次为

> $J := Vector([H[x], H[y], H[z]])$

$$J := \begin{bmatrix} H_x \\ H_y \\ H_z \end{bmatrix}$$

> $Vector([V[x], V[y], V[z]]) = K \cdot (-J)$

$$\begin{bmatrix} V_x \\ V_y \\ V_z \end{bmatrix} = \begin{bmatrix} -K\,H_x \\ -K\,H_y \\ -K\,H_z \end{bmatrix}$$

> $v := \sqrt{V[x]^2 + V[y]^2 + V[z]^2}$

$$v := \sqrt{V_x^{\,2} + V_y^{\,2} + V_z^{\,2}}$$

程序中所用到的函数及其简要说明见表 4-1。

表 4-1　*Vector( )* 函数简介（1）

功能	产生一组下标变量为 1~k 的列向量
原型	$Vector([a_1, a_2, \cdots, a_k])$
参数	x、y、z 方向的水力梯度及渗流速度
返回	J、V

运行结果如图 4-2 所示。

4.1.2　各向异性介质中的渗流速度

在各向异性介质中，设三维空间中渗透系数张量的九个分量分别为 K_{xx}、K_{xy}、K_{xz}、K_{yx}、K_{yy}、K_{yz}、K_{zx}、K_{zy}、K_{zz}，通常写成矩阵形式：

$$K = \begin{pmatrix} K_{xx} & K_{xy} & K_{xz} \\ K_{yx} & K_{yy} & K_{yz} \\ K_{zx} & K_{zy} & K_{zz} \end{pmatrix} \tag{4.3}$$

沿三个坐标方向的水力梯度分别为 $-\dfrac{\delta H}{\delta x}, -\dfrac{\delta H}{\delta y}, -\dfrac{\delta H}{\delta z}$ 写成矩阵形式：

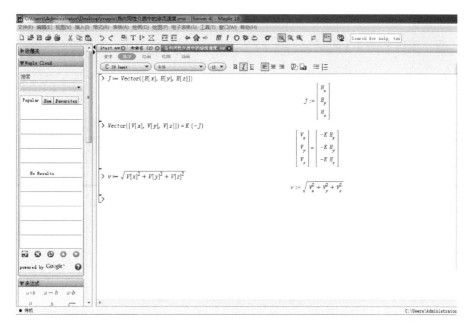

图 4-2　各向同性介质中的渗流速度程序运行图

$$J = \begin{pmatrix} -\dfrac{\delta H}{\delta x} \\ -\dfrac{\delta H}{\delta y} \\ -\dfrac{\delta H}{\delta z} \end{pmatrix} \tag{4.4}$$

沿坐标轴方向的速度分量分别设为 V_x、V_y、V_z，写成矩阵形式：$V = \begin{pmatrix} V_x \\ V_y \\ V_z \end{pmatrix}$，

则根据达西定律 $V = K \times J$ 可得

$$V = \begin{pmatrix} V_x \\ V_y \\ V_z \end{pmatrix} = K = \begin{pmatrix} K_{xx} & K_{xy} & K_{xz} \\ K_{yx} & K_{yy} & K_{yz} \\ K_{zx} & K_{zy} & K_{zz} \end{pmatrix} \begin{pmatrix} -\dfrac{\delta H}{\delta x} \\ -\dfrac{\delta H}{\delta y} \\ -\dfrac{\delta H}{\delta z} \end{pmatrix} \tag{4.5}$$

含水层的实际渗流速度 $V = \sqrt{V_x^2 + V_y^2 + V_z^2}$。

分别以 H_x、H_y、H_z 代表 x、y、z 方向的水力梯度，此求解过程在 Maple 平台上的实现如下。

　　程序流程如图 4-3 所示。

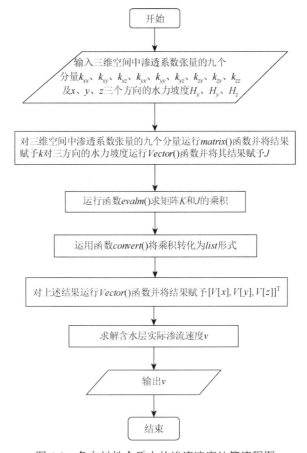

图 4-3　各向异性介质中的渗流速度计算流程图

在 Maple 编辑窗中的输入和程序响应依次为

>

>

> $evalm(K \& *J)$

$$[-H_x k_{xx} - H_y k_{xy} - H_z k_{xz} - H_x k_{yx} - H_y k_{yy} - H_z k_{yz} - H_x k_{zx} - H_y k_{zy} - H_z k_{zz}]$$

> $convert(\%, list)$

$$[-H_x k_{xx} - H_y k_{xy} - H_z k_{xz}, -H_x k_{yx} - H_y k_{yy} - H_z k_{yz}, -H_x k_{zx} - H_y k_{zy} - H_z k_{zz}]$$

> $Vector([V[x], V[y], V[z]]) = Vector([-H_x k_{xx} - H_y k_{xy} - H_z k_{xz},$

$$-H_x k_{yx} - H_y k_{yy} - H_z k_{yz}, -H_x k_{zx} - H_y k_{zy} - H_z k_{zz}])$$

$$
\begin{bmatrix} V_x \\ V_y \\ V_z \end{bmatrix} = \begin{bmatrix} -H_x\,k_{xx} - H_y\,k_{xy} - H_z\,k_{xz} \\ -H_x\,k_{yx} - H_y\,k_{yy} - H_z\,k_{yz} \\ -H_x\,k_{zx} - H_y\,k_{zy} - H_z\,k_{zz} \end{bmatrix}
$$

$>v := \sqrt{V[x]^2 + V[y]^2 + V[z]^2}$

$$
v := \sqrt{V_x{}^2 + V_y{}^2 + V_z{}^2}
$$

程序中所用到的函数见表 4-2 和表 4-3。

表 4-2　matrix( )函数简介

功能	建立一个 m 行 n 列的矩阵
原型	$matrix(m,\ n)$
参数	三维空间中渗透系数张量的九个分量
返回	K

表 4-3　Vector( )函数简介（2）

功能	产生一组下标变量为 1~k 的列向量
原型	$Vector([a_1, a_2, \cdots, a_k])$
参数	x、y、z 方向的水力梯度及渗流速度
返回	J、V

运行结果如图 4-4 所示。

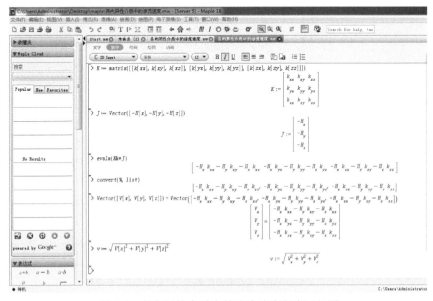

图 4-4　各向异性介质中的渗流速度程序运行图

4.2　河渠间地下水的稳定运动

4.2.1　潜水稳定运动中分水岭位置的确定及潜水流的单宽流量计算

由于大气降水入渗补给或浅层潜水蒸发等因素的影响，河渠间潜水的运动是非稳定的。在入渗均匀，即在时间和空间分布上都比较均匀的情况下，为了简化计算，有时把潜水的运动当作稳定运动来研究（薛禹群，1997）。

研究河渠间潜水的运动，作如下假设：

（1）含水层均质各向同性，底部隔水层水平，上部有均匀入渗，并可用入渗补给量 W 来表示，在此情况下，W 为常数。

（2）河渠基本上彼此平行潜水流可视为一维流。

（3）潜水流是渐变流并趋于稳定。

在上述假设条件下，取垂直于河渠的单位宽度来研究，如图 4-5 取坐标。

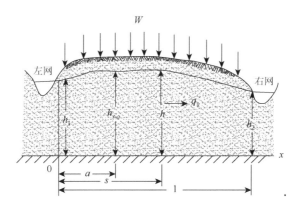

图 4-5　河渠间潜水的运动

根据 Boussinesq 方程 $\dfrac{\delta}{\delta x}\left(h\dfrac{\delta H}{\delta x}\right)+\dfrac{w}{k}=\dfrac{u}{k}\dfrac{\delta H}{\delta t}$ 可以写出上述问题的数学模型，如下：

$$\begin{cases}\dfrac{\mathrm{d}}{\mathrm{d}x}\left(h\dfrac{\mathrm{d}h}{\mathrm{d}x}\right)+\dfrac{w}{k}=0\\ h_{x-0}=h_1\\ h_{x-1}=h_2\end{cases}\tag{4.6}$$

式中，h 为离左端起始断面 x 处的潜水流厚度；h_1、h_2 分别为左、右两侧河渠潜水流厚度。利用该数学模型，结合高等数学的有关内容和方法，可以求解出 h 的表达式、分水岭位置 a 的表达式、与断面左起点的距离为 x 处的断面上潜水流的单宽流量 q_x 的表达式（迟宝明，2004）。

程序流程如图 4-6 所示。

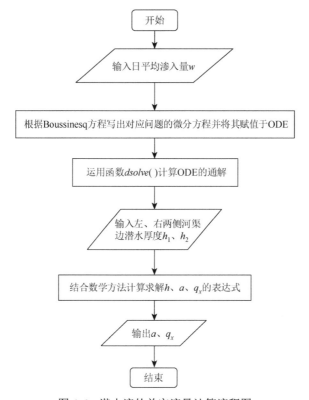

图 4-6　潜水流的单宽流量计算流程图

在 Maple 编辑窗中的输入和程序响应依次为

$> ODE := diff(h(x) \, diff(h(x), x), x) + \dfrac{w}{k} = 0$

$$ODE := \left(\dfrac{\mathrm{d}}{\mathrm{d}x} h(x)\right)^2 + h(x)\left(\dfrac{\mathrm{d}^2}{\mathrm{d}x^2} h(x)\right) + \dfrac{w}{k} = 0$$

$> dsolve(ODE, h(x))$

$$h(x) = \dfrac{\sqrt{-k(2\_C1\,k\,x + w\,x^2 - 2\_C2\,k)}}{k},$$

$$h(x) = -\dfrac{\sqrt{-k(2\_C1\,k\,x + w\,x^2 - 2\_C2\,k)}}{k}$$

$>sqr := (x) \to x^2$

$$sqr := x \to x^2$$

$>map(sqr, \%\%)$

$$h(x)^2 = -\frac{2\_C1\,k\,x + w\,x^2 - 2\_C2\,k}{k}$$

$>subs\left(x = 0, -\frac{2\_C1\,k\,x + w\,x^2 - 2\_C2\,k}{k} = h[1]^2\right)$

$$2\_C2 = h_1^2$$

$>solve(2\_C2 = h_1^2, \_C2)$

$$\frac{1}{2}h_1^2$$

$>subs\left(x = 1, \_C2 = \frac{1}{2}h_1^2, -\frac{2\_C1\,k\,x + w\,x^2 - 2\_C2\,k}{k} = h[2]^2\right)$

$$-\frac{2\_C1\,k\,1 - k\,h_1^2 + 1^2\,w}{k} = h_2^2$$

$>solve\left(-\frac{2\_C1\,k\,1 - k\,h_1^2 + 1^2\,w}{k} = h_2^2, \_C1\right)$

$$\frac{1}{2}\frac{k\,h_1^2 - k\,h_2^2 - 1^2\,w}{k\,1}$$

$>subs\left(\_C1 = \frac{1}{2}\frac{k\,h_1^2 - k\,h_2^2 - 1^2\,w}{k\,1},\right.$

$\left. \_C2 = \frac{1}{2}h_1^2, h^2 = -\frac{2\_C1\,k\,x + w\,x^2 - 2\_C2\,k}{k}\right)$

$$h^2 = -\frac{\dfrac{(k\,h_1^2 - k\,h_2^2 - 1^2\,w)\,x}{1} + w\,x^2 - h_1^2\,k}{k}$$

$>implicitdiff\left(h^2 = h[1]^2 + \frac{h[2]^2 - h[1]^2}{1}x + \frac{w}{k}(1\,x - x^2), h, x\right)$

$$-\frac{1}{2}\frac{k\,h_1^2 - k\,h_2^2 - 1^2\,w + 2\,1\,w\,x}{h\,k\,1}$$

$>a := solve\left(-\frac{1}{2}\frac{k\,h_1^2 - k\,h_2^2 - 1^2\,w + 2\,1\,w\,x}{h\,k\,1}, x\right)$

$$a := -\frac{1}{2}\frac{k\,h_1^2 - k\,h_2^2 - 1^2\,w}{1\,w}$$

$$> q[x] := \frac{K(h[1]^2 - h[2]^2)}{2\,l} - \frac{W1}{2} + Wx$$

$$q_x := \frac{1}{2}\frac{K(h_1{}^2 - h_2{}^2)}{l} - \frac{1}{2}W1 + Wx$$

程序中所用到的函数见表 4-4～表 4-8。

表 4-4　*dsolve*( )函数简介（1）

功能	求解常微分方程
原型	*dsolve*({*ODE*, *ICs*}, *y*(*x*), *extra_args*)
参数	常微分方程 *ODE*，定解条件 *ICs*，待求函数 *y*(*x*)，其他参数 *extra_args*
返回	*H*(*x*)的表达式

表 4-5　*map*( )函数简介

功能	将函数 *f* 映射到 *expr* 的每一个操作
原型	*map*(*f*, *expr*)
参数	*sqr*；*h*(*x*)表达式
返回	$h^2(x)$的表达式

表 4-6　*subs*( )函数简介（1）

功能	将表达式 *expression* 中所有变量 *var* 出现的地方替换成 *replacement*
原型	*subs*（*var* = *replacement*，*expression*）
参数	*x* = 0；*x* = *l*；_C1 和 _C2
返回	h_1、h_2、*h* 的表达式

表 4-7　*solve*( )函数简介（1）

功能	求 *eqn* 中的未知数 *var*
原型	*solve*（*eqn*，*var*）
参数	*subs* 返回的结果
返回	_C1、_C2 的结果和 h^2 的表达式

表 4-8　*implicitdiff*( )函数简介

功能	求出 *f* 确定的 *y* 对 *x* 的导数
原型	*implicitdiff*（*f*，*y*，*x*）
参数	*h* 关于 *x* 的函数
返回	上式中 *h* 对 *x* 的导数

运行结果如图 4-7 所示。

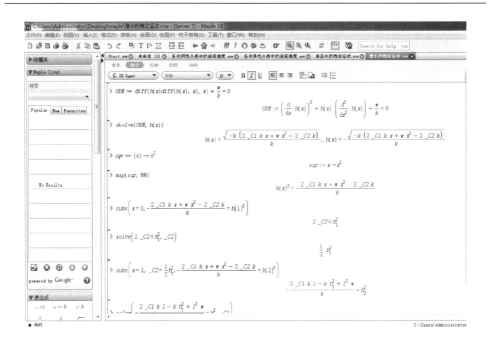

图 4-7　潜水流的单宽流量计算程序运行图

4.2.2　承压水稳定运动中单宽流量的计算

承压含水层（图 4-8），没有入渗补给，如含水层厚度 M 为常数，其他条件和潜水含水层相同，为一维流，则这种情况下方程 $\dfrac{\partial^2 H}{\partial x^2}=0$ 在有关边界条件下，积分得

$$H = H_1 - \frac{H_1 - H_2}{l}x \qquad (4.7)$$

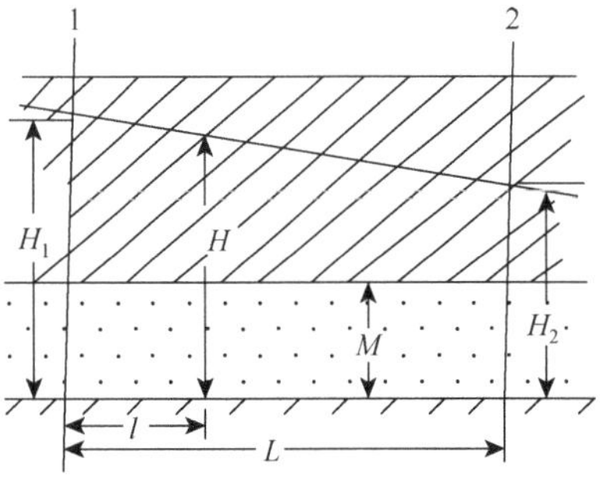

由达西定律可得

$$q = KM\frac{H_1 - H_2}{l} \qquad (4.8)$$

图 4-8　承压含水层示意图

上述的结果表明,在厚度不变的承压水流中，降落曲线是均匀倾斜的直线,如果含水层厚度变化时，则 M 取上、下游断面含水层厚度的平均值。

在地下水坡度较大的地区，有时可能会出现上游是承压水，下游由于水头降至隔水顶板以下而转为无压水的情况，形成承压-无压水（图 4-9）（薛禹群，1997）。

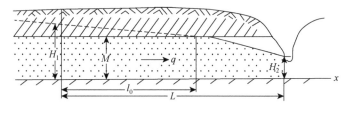

图 4-9　承压-无压水

设 q_1、q_2、l_0 分别为承压水地段单宽流量、无压水地段单宽流量、承压水流地段长度。根据达西定律可写出 q_1、q_2 的表达式，由 $q = q_1 = q_2$ 可解得 l_0，将其代入 q_1 或 q 表达式，即得承压-无压流单宽流量 q。

程序流程如图 4-10 所示。

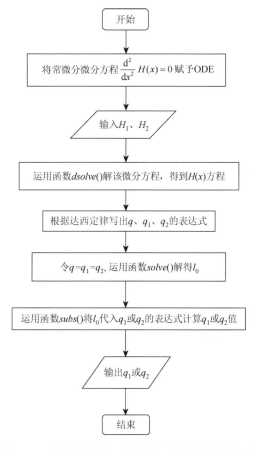

图 4-10　承压水稳定运动中单宽流量的计算流程图

在 Maple 编辑窗中的输入和程序响应依次为 $\dfrac{\mathrm{d}^2}{\mathrm{d}x^2} H(x) = 0$

$> ODE := diff\,(diff\,(H(x), x), x) = 0$

$$ODE := \frac{\mathrm{d}^2}{\mathrm{d}x^2} H(x) = 0$$

$> dsolve\,(\{ODE, H(0) = H[1], H(1) = H[2]\}, H(\mathrm{x}))$

$$H(x) = -\frac{(-H_2 + H_1)\,x}{1} + H_1$$

$> q := \dfrac{KM(H[1] - H[2])}{1}$

$$q := \frac{KM(-H_2 + H_1)}{1}$$

$> q1 := \dfrac{KM(H[1] - M)}{1[0]}$

$$q1 := \frac{KM(H_1 - M)}{1_0}$$

$> q2 := \dfrac{K(M^2 - H[2]^2)}{2(1 - 1[0])}$

$$q2 := \frac{K(M^2 - H_2^2)}{2\,1 - 2\,1_0}$$

$> solve\,(q1 = q2, 1[0])$

$$\frac{2\,KM(H_1 - M)\,1}{2\,KM(H_1 - M) + K(M^2 - H_2^2)}$$

$> subs\left(1[0] = \dfrac{2\,KM\,(H[1] - M)\,1}{2\,KM(H[1] - M) + K(M^2 - H[2]^2)}, q1\right)$

$$\frac{1}{2}\frac{2\,KM(H_1 - M) + K\,(M^2 - H_2^2)}{1}$$

程序中所用到的函数及其说明见表 4-9～表 4-11。

表 4-9　*dsolve*( )函数简介（2）

功能	求解常微分方程
原型	$dsolve(\{ODE, ICs\}, y(x))$
参数	常微分方程 ODE、初始条件 $H（0）$ 和 $H（I）$ 所组成的定解条件 ICs，未知量 $H（x）$
返回	$H（x）$ 的表达式

表 4-10　solve( )函数简介（2）

功能	求方程 *eqn* 中的未知数 *var*
原型	*solve*（*eqn*，*var*）
参数	$q_1 = q_2$
返回	l_0

表 4-11　subs( )函数简介（2）

功能	将表达式 *expression* 中所有变量 *var* 出现的地方替换成 *replacement*
原型	*subs*（*var* = *replacement*，*expression*）
参数	l_0
返回	q_1 或 q_2

运行结果如图 4-11 所示。

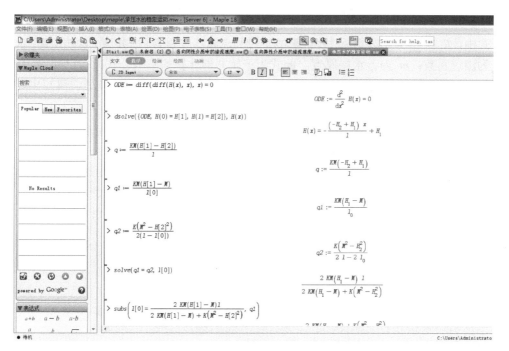

图 4-11　承压水稳定运动中单宽流量的计算程序运行图

4.3　地下水向井的运动和求参的方法

4.3.1　求解稳定干扰井流的正问题

稳定干扰井流的正问题，即已知水文参数值求流量、降深问题。设在无限含水层中任意布置几口抽水井。当群井抽水持续时间较长时，同样会形成一个相对稳定的区域降落漏斗。

在此漏斗范围内，第 j 口井单独抽水对任一点 i 产生的降深为

$$S_{ij} = \frac{Q_j}{2\pi T} \ln \frac{R_j}{r_{ij}} \tag{4.9}$$

而几口井抽水时对 i 点产生的总降深，按叠加原理有

$$S_i = H - h_i = \frac{1}{2\pi Km} \sum_{j=1}^{n} \left(Q_j \ln \frac{R}{r_{ij}} \right)^2 \tag{4.10}$$

式中，R_j 和 Q_j 分别为第 j 口井的影响半径和流量；r_{ij} 为第 j 口井到 i 点的距离；K 为渗透系数；m 为含水层厚度。此式为干扰井群计算的基本公式。当已知 R_j 和 Q_j 时，可按其计算任一点 i 的降深值，若把 i 点分别移到各井井壁处，可写出如下几个方程：

$$\begin{cases} S_{w1} = \dfrac{Q_1}{2\pi T} \ln \dfrac{R_1}{r_{w1}} + \displaystyle\sum_{j=2}^{n} \dfrac{Q_j}{2\pi T} \ln \dfrac{R_j}{r_{ij}} \\[3mm] S_{w2} = \dfrac{Q_2}{2\pi T} \ln \dfrac{R_2}{r_{w2}} + \displaystyle\sum_{\substack{j=1 \\ j \neq 2}}^{n} \dfrac{Q_j}{2\pi T} \ln \dfrac{R_j}{r_{ij}} \\[3mm] \qquad\qquad\qquad \vdots \\[2mm] S_{wn} = \dfrac{Q_n}{2\pi T} \ln \dfrac{R_n}{r_{wn}} + \displaystyle\sum_{j=1}^{n-1} \dfrac{Q_j}{2\pi T} \ln \dfrac{R_j}{r_{ij}} \end{cases} \tag{4.11}$$

联立求解上述线性方程，可由给定的各井流量 Q_j 求出各井的降深 S_w 或由 S_w 求出 Q_j。

例 4.1　承压完整的干扰井求涌水量的问题。

在面积很大的承压含水层中，拟用如图 4-12 布置的 6 口干扰井开采地下水，各井半径为 0.25m，井间距分别为 $r_{1-2} = 340\text{m}$，$r_{1-3} = 330\text{m}$，$r_{1-4} = 400\text{m}$，$r_{1-5} =$

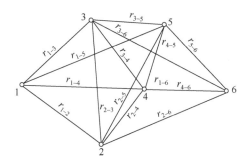

图 4-12　6 口干扰井示意图

510m，$r_{1-6} = 670\text{m}$，$r_{2-3} = 450\text{m}$，$r_{2-4} = 260\text{m}$，$r_{2-5} = 490\text{m}$，$r_{2-6} = 460\text{m}$，$r_{3-6} = 510\text{m}$，$r_{3-5} = 240\text{m}$，$r_{4-5} = 230\text{m}$，$r_{4-6} = 270\text{m}$，$r_{5-6} = 310\text{m}$。含水层厚 20m，承压水位为 45m，通过抽水试验确定的含水层的渗透系数为 10m/d，影响半径为 180m，根据设备的能力确定允许降深为 10m，试问按照这样的设计能否满足需水量为 $3750\text{m}^3/\text{d}$ 的工厂用水需求？

解：设 6 口井的流量分别为 Q_1、Q_2、Q_3、Q_4、Q_5、Q_6，根据无线承压含水层的干扰井公式 $S_i = H - h_i = \dfrac{1}{2\pi Km}\sum\limits_{j=1}^{n}\left(Q_j \ln\dfrac{R}{r_{ij}}\right)^2$，分别以各井壁为计算点，将已知条件代入方程得如下方程组：

$$
\begin{cases}
12566.37061 = Q_1 \ln\dfrac{1800}{0.25} + Q_2 \ln\dfrac{1800}{340} + Q_3 \ln\dfrac{1800}{330} + Q_4 \ln\dfrac{1800}{400} + Q_5 \ln\dfrac{1800}{510} + Q_6 \ln\dfrac{1800}{670} \\[2mm]
12566.37061 = Q_1 \ln\dfrac{1800}{340} + Q_2 \ln\dfrac{1800}{0.25} + Q_3 \ln\dfrac{1800}{450} + Q_4 \ln\dfrac{1800}{260} + Q_5 \ln\dfrac{1800}{490} + Q_6 \ln\dfrac{1800}{460} \\[2mm]
12566.37061 = Q_1 \ln\dfrac{1800}{330} + Q_2 \ln\dfrac{1800}{450} + Q_3 \ln\dfrac{1800}{0.25} + Q_4 \ln\dfrac{1800}{290} + Q_5 \ln\dfrac{1800}{240} + Q_6 \ln\dfrac{1800}{510} \\[2mm]
12566.37061 = Q_1 \ln\dfrac{1800}{400} + Q_2 \ln\dfrac{1800}{260} + Q_3 \ln\dfrac{1800}{290} + Q_4 \ln\dfrac{1800}{0.25} + Q_5 \ln\dfrac{1800}{230} + Q_6 \ln\dfrac{1800}{270} \\[2mm]
12566.37061 = Q_1 \ln\dfrac{1800}{510} + Q_2 \ln\dfrac{1800}{490} + Q_3 \ln\dfrac{1800}{240} + Q_4 \ln\dfrac{1800}{270} + Q_5 \ln\dfrac{1800}{0.25} + Q_6 \ln\dfrac{1800}{310} \\[2mm]
12566.37061 = Q_1 \ln\dfrac{1800}{670} + Q_2 \ln\dfrac{1800}{460} + Q_3 \ln\dfrac{1800}{510} + Q_4 \ln\dfrac{1800}{270} + Q_5 \ln\dfrac{1800}{310} + Q_6 \ln\dfrac{1800}{0.25}
\end{cases}
$$

$$\text{(4.12)}$$

程序流程如图 4-13 所示。

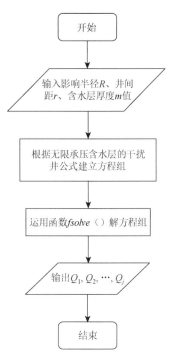

图 4-13　承压完整的干扰井求涌水量问题流程图

Maple 解六元方程组式（4.12）的代码为

$$fsolve\,(\{12566.37061 = Q[1]\ln\frac{1800}{0.25} + Q[2]\ln\frac{1800}{340} + Q[3]\ln\frac{1800}{330} + Q[4]\ln\frac{1800}{400}$$

$$+ Q[5]\ln\frac{1800}{510} + Q[6]\ln\frac{1800}{670},$$

$$12566.37061 = Q[1]\ln\frac{1800}{340} + Q[2]\ln\frac{1800}{0.25} + Q[3]\ln\frac{1800}{450} + Q[4]\ln\frac{1800}{260}$$

$$+ Q[5]\ln\frac{1800}{490} + Q[6]\ln\frac{1800}{460},$$

$$12566.37061 = Q[1]\ln\frac{1800}{330} + Q[2]\ln\frac{1800}{450} + Q[3]\ln\frac{1800}{0.25} + Q[4]\ln\frac{1800}{290}$$

$$+ Q[5]\ln\frac{1800}{240} + Q[6]\ln\frac{1800}{510},$$

$$12566.37061 = Q[1]\ln\frac{1800}{400} + Q[2]\ln\frac{1800}{260} + Q[3]\ln\frac{1800}{290} + Q[4]\ln\frac{1800}{0.25}$$

$$+ Q[5]\ln\frac{1800}{230} + Q[6]\ln\frac{1800}{270},$$

$$12566.37061 = Q[1]\ln\frac{1800}{510} + Q[2]\ln\frac{1800}{490} + Q[3]\ln\frac{1800}{240} + Q[4]\ln\frac{1800}{270}$$

$$+ Q[5]\ln\frac{1800}{0.25} + Q[6]\ln\frac{1800}{310},$$

$$12566.37061 = Q[1]\ln\frac{1800}{670} + Q[2]\ln\frac{1800}{460} + Q[3]\ln\frac{1800}{510} + Q[4]\ln\frac{1800}{270}$$

$$+ Q[5]\ln\frac{1800}{310} + Q[6]\ln\frac{1800}{0.25}\},$$

$$\{Q[1], Q[2], Q[3], Q[4], Q[5], Q[6]\})$$

$$\{Q[1] = 831.6246050, Q[2] = 779.3915660, Q[3] = 727.4349895,$$

$$Q[4] = 610.7432609, Q[5] = 723.6143538, Q[6] = 825.5398596\}$$

由 $Q[1] + Q[2] + Q[3] + Q[4] + Q[5] + Q[6] = 4498.35 > 3750$ ，故可以据此方案进行地下水开采。

程序中所用到的函数见表 4-12。

表 4-12　　*fsolve*( )函数简介

功能	求 *eqn* 中的未知数 *var*，并返回一个浮点数解
原型	*fsolve*（*eqn*，*var*）
参数	根据无限承压含水层的干扰井公式建立的方程组
返回	$Q_1, Q_2, \cdots, Q_j$

运行结果如图 4-14 所示。

图 4-14　承压完整的干扰井求涌水量问题程序运行图

4.3.2 基于最小二乘法确定井流量和水位降深的关系

大量抽水井的试验资料证明，常见的几种 $Q\text{-}S_w$ 曲线类型有直线型、抛物线型、幂函数曲线型和对数曲线型（薛禹群，1997）。反映直线型关系的经验公式为 $Q = qS_w$，式中， q 为待定系数。反映抛物线型关系的经验公式为 $S_w = aQ + bQ^2$，式中， a、b 为待定系数，将公式两边除以 Q，即得代表抛物线关系的变形经验公式：$\dfrac{S_w}{Q} = a + bQ$。反映幂函数曲线型的经验公式为 $Q = q_0 S_w^{\frac{1}{m}}$，式中， q_0、m 为待定系数，对该式两边取对数，可得变形后的经验公式：$\lg Q = \lg q_0 + \dfrac{1}{m}\lg S_w$。反映对数曲线型的经验公式为 $Q = a + b\lg S_w$。

用图解法判别 $Q\text{-}S_w$ 的关系，要将一次实验过程中不同落程的 Q_t 和 S_{wt}、$\dfrac{S_{wt}}{Q_t}$ 和 Q_t、$\lg Q_t$ 和 $\lg S_{wt}$、Q_t 和 $\lg S_{wt}$ 四组资料分别点绘在普通坐标纸上，判别哪一组资料更接近线性关系，再采用最小二乘法求出最接近线性关系的一组资料点所满足的拟合直线方程，即 $Q\text{-}S_w$ 关系式。由这种传统图解法所得的 Q_t 和 S_{wt}、$\dfrac{S_{wt}}{Q_t}$ 和 Q_t、$\lg Q_t$ 和 $\lg S_{wt}$、Q_t 和 $\lg S_{wt}$ 关系曲线均为直线，不能直接反映出抛物线型、幂函数曲线型、对数曲线型中的 Q 和 S_w 的图像关系。而且，在点绘和判别过程中存在人为误差。若在 Maple 平台上，首先根据最小二乘法原理，构建正规方程组：

关于 $a_1, a_2, \cdots, a_n$ 的线性方程组，用矩阵表示为

$$\begin{bmatrix} m+1 & \sum\limits_{i=0}^{m} x_i & \cdots & \sum\limits_{i=0}^{m} x_i^n \\ \sum\limits_{i=0}^{m} x_i & \sum\limits_{i=0}^{m} x_i^2 & \cdots & \sum\limits_{i=0}^{m} x_i^{n+1} \\ \vdots & \vdots & & \vdots \\ \sum\limits_{i=0}^{m} x_i^n & \sum\limits_{i=0}^{m} x_i^{n+1} & \cdots & \sum\limits_{i=0}^{m} x_i^{2n} \end{bmatrix} \begin{bmatrix} a_0 \\ a_1 \\ \vdots \\ a_n \end{bmatrix} = \begin{bmatrix} \sum\limits_{i=0}^{m} y_i \\ \sum\limits_{i=0}^{m} x_i y_i \\ \vdots \\ \sum\limits_{i=0}^{m} x_i^n y_i \end{bmatrix} \tag{4.13}$$

解出各经验公式或变形后的经验公式中的待定系数，再利用 Maple 强大的图形绘制功能把所得的 $Q\text{-}S_w$ 关系曲线绘制在普通坐标系中。最后，根据 Q_t 和 S_{wt} 资料点与这些曲线的拟合效果，判别 $Q\text{-}S_w$ 所属曲线类型。基于最小二乘法，借助 Maple 判定 $Q\text{-}S_w$ 关系的实例如下。

例 4.2 在某承压含水层中进行了四次不同降深的稳定流抽水试验，抽水试验

的结果记录在表 4-13 和表 4-14 中。试根据试验资料预测当井内水位降深为 6m 时的稳定流量。

表 4-13　抽水试验数据（1）

	Q	Q^2	S_w	S_w^2	$\dfrac{S_w}{Q}$	$\lg Q$
1	4.68	21.9	1.39	1.93	0.297	0.67
2	8.46	71.57	2.89	8.35	0.342	0.927
3	9.78	95.65	3.84	14.75	0.393	0.99
4	11.4	129.96	5.09	25.91	0.446	1.057
总和	34.32	319.08	13.21	50.94	1.478	3.644

表 4-14　抽水试验数据（2）

	$\lg S_w$	$\lg S_w \cdot \lg Q$	$(\lg S_w)^2$	$Q \cdot \lg S_w$	$Q \cdot S_w$
1	0.143	0.096	0.02	0.669	6.51
2	0.461	0.427	0.213	3.9	24.45
3	0.584	0.578	0.341	5.712	37.56
4	0.707	0.747	0.5	8.06	58.03
总和	1.895	1.848	1.074	18.341	126.54

此求解过程的程序流程如图 4-15 所示。

在 Maple 编辑窗中的输入和程序响应依次为

$>$ *restart*

$>$ $S[w] := [1.39, 2.89, 3.84, 5.09]$

$$S_w := [1.39, 2.89, 3.84, 5.09]$$

$>$ $Q := [4.68, 8.46, 9.78, 11.40]$

$$Q := [4.68, 8.46, 9.78, 11.40]$$

$>$ $Pairs := zip((x, y) \rightarrow [x, y], S[w], Q)$

$$Pairs := [[1.39, 4.68], [2.89, 8.46], [3.84, 9.78], [5.09, 11.40]]$$

$>$
$$\begin{bmatrix} 4 & 13.21 \\ 13.21 & 50.9379 \end{bmatrix} \begin{bmatrix} a[0] \\ a \end{bmatrix} = \begin{bmatrix} 34.32 \\ 126.5358 \end{bmatrix}$$

$$\begin{bmatrix} 4a_0 + 13.21\,a \\ 13.21\,a_0 + 50.9379\,a \end{bmatrix} = \begin{bmatrix} 34.32 \\ 126.5358 \end{bmatrix}$$

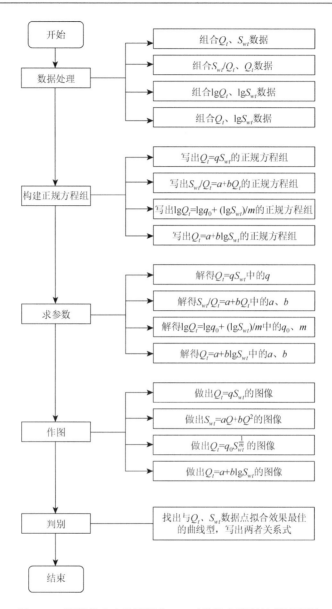

图 4-15　预测井内水位降深为 6m 时的稳定流量计算流程图

$> solve(\{4\,a_0 + 13.21\,a = 34.32, 13.21\,a_0 + 50.9379\,a = 126.5358\}, \{a[0], a\})$

$$\{a = 1.804461920,\ a_0 = 2.620764510\}$$

$$> \begin{bmatrix} 4 & 1.895 \\ 1.895 & 1.074 \end{bmatrix} \begin{bmatrix} a \\ b \end{bmatrix} = \begin{bmatrix} 3.644 \\ 1.849 \end{bmatrix}$$

$$\begin{bmatrix} 4\,a + 1.895\,b \\ 1.895\,a + 1.074\,b \end{bmatrix} = \begin{bmatrix} 3.644 \\ 1.849 \end{bmatrix}$$

$> solve(\{4\,a + 1.895\,b = 3.644, 1.895\,a + 1.074\,b = 1.849\}, \{a, b\})$

$$\{a = 0.5812986276,\ b = 0.6959395723\}$$

$>$

$$f1 := x \rightarrow 2.62 + 1.8\,x$$

$> f2 := x \rightarrow 2.985 + 11.813\ \log_{10}(x)$

$$f2 := x \rightarrow 2.985 + 11.813\ \log_{10}(x)$$

$> f3 := x \rightarrow 10^{(0.58)} \cdot x^{0.7}$

$$f3 := x \rightarrow 3.801893963 \cdot x^{0.7}$$

$> plot(\{Pairs, f1\}, 0.1..6, 0..12)$

由上述程序运行得到 Q_t 和 S_{wt} 的关系曲线图像，如图 4-16 所示。

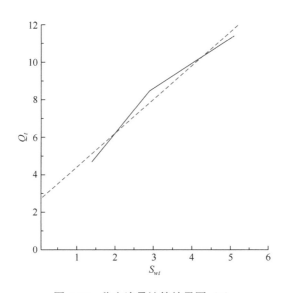

图 4-16 稳定流量计算结果图（1）

$> plot(\{Pairs, f2\}, 0.1..6, 0..12)$

继续运行得 S_{wt}/Q_t 和 Q_t 的关系曲线图像，如图 4-17 所示。

$> plot(\{Pairs, f3\}, 0.1..6, 0..12)$

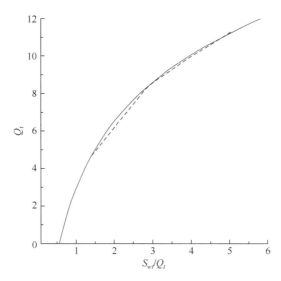

图 4-17　稳定流量计算结果图（2）

继续运行得 $\lg Q$ 与 $\lg S_{wt}$ 的关系曲线图像，如图 4-18 所示。

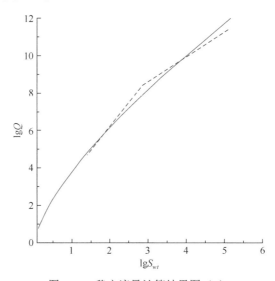

图 4-18　稳定流量计算结果图（3）

> *restart*
> $S[w] \coloneqq [1.39, 2.89, 3.84, 5.09]$
$$S_w \coloneqq [1.39, 2.89, 3.84, 5.09]$$
> $Q \coloneqq [4.68, 8.46, 9.78, 11.40]$
$$Q \coloneqq [4.68, 8.46, 9.78, 11.40]$$

> $Pairs := zip((x, y) \rightarrow [x, y], S[w], Q)$

$\qquad Pairs := [[1.39, 4.68], [2.89, 8.46], [3.84, 9.78], [5.09, 11.40]]$

> $\begin{bmatrix} 4 & 34.32 \\ 34.32 & 319.08 \end{bmatrix} \begin{bmatrix} a \\ b \end{bmatrix} = \begin{bmatrix} 1.487 \\ 13.21 \end{bmatrix}$

$$\begin{bmatrix} 4\,a + 34.32\,b \\ 34.32\,a + 319.08\,b \end{bmatrix} = \begin{bmatrix} 1.487 \\ 13.21 \end{bmatrix}$$

> $solve(\{4\,a + 34.32\,b = 1.487, 34.32\,a + 319.08\,b = 13.21\}, \{a, b\})$

$$\{a = 0.1852046895,\ b = 0.02147963992\}$$

> $f := x \rightarrow 0.185\,x + 0.0215\,x^2$

$$f := x \rightarrow 0.185\,x + 0.0215\,x^2$$

> $plot(\{Pairs, f\}, 1..12)$

由上述程序运行得到 Q_t 和 S_{wt} 的关系曲线图像，如图 4-19 所示。

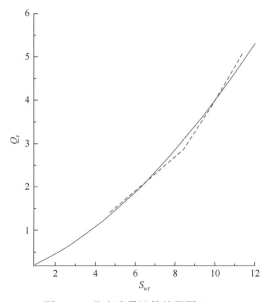

图 4-19　稳定流量计算结果图（4）

> $restart$

> $subs\left(S[w] = 6, Q = 2.984 + 11.813 \cdot \log_{10}(S[w])\right)$

$$Q = 2.984 + \frac{11.813 \ln(6)}{\ln(10)}$$

> $evalf[5](\%);$

$$Q = 12.176$$

程序中所用到的函数及其说明见表 4-15～表 4-19。

表 4-15　zip( )函数简介

功能	按指定方式合并两列表或矩阵 A、B
原型	Zip（A，B）
参数	四次不同降深的稳定流的 Q_t 和 S_{wt} 值
返回	Q_t 和 S_{wt} 组成的实数点对

表 4-16　solve( )函数简介（3）

功能	求解 eqn 中的未知数 var
原型	$solve$（eqn，var）
参数	A_0 和 a 或 a 和 b 的关系式
返回	A_0、a、b

表 4-17　plot( )函数简介

功能	从 x_{min} 到 x_{max} 绘出 f（x）的函数图
原型	$polt(f(x), x = x_{min} \cdots x_{max})$
参数	F、f_1、f_2、f_3
返回	函数 F、f_1、f_2、f_3 的图像

表 4-18　subs( )函数简介（3）

功能	将表达式 $expression$ 中所有变量 var 出现的地方替换成 $replacement$
原型	$Subs$（$var = replacement$，$expression$）
参数	S_w 的值
返回	Q

表 4-19　evalf( )函数简介

功能	计算表达式 exp 的浮点值数
原型	$evalf$（exp）
参数	%
返回	Q

运行结果如图 4-20 所示。

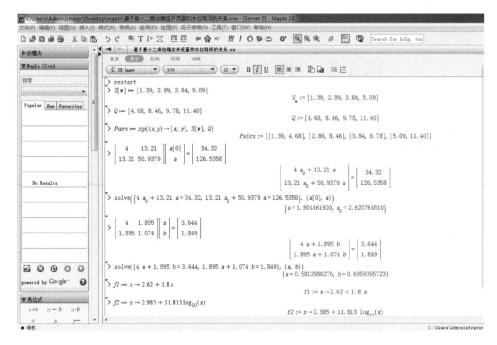

图 4-20　预测井内水位降深为 6m 时的稳定流量计算程序运行图

　　通过以上四幅 $Q\text{-}S_w$ 关系曲线图可知，采用最小二乘法所得的拟合直线未通过坐标原点，$Q\text{-}S_w$ 关系曲线应为曲线型；Q_t 和 S_{wt} 资料点和对数型曲线的拟合效果优于幂函数曲线型和抛物线型，故本实验的 $Q\text{-}S_w$ 关系曲线应为对数曲线型，即 Q 为 $2.984 + 11.813 \lg S_w$。用 Maple 求解 S_w 为 6 时，抽水井流量的实现代码为

$>$ $subs(S[w]=6, Q=2.984+11.813\log_{10}(S[w]));$

$$Q=2.984+\frac{11.813\ln(6)}{\ln(10)}$$

$evalf[5](\%);$

$$Q=12.176$$

即 S_w 为 6 时抽水流量为 12.176m^3/min。

第5章　水文统计与水文预报

5.1　频　　率

频率可以被定义为在某段时间内等于或超过指定事件的发生次数。例如，考察 100 年中各年年降水量的记录，最大年降水量相当于百年一遇，即其发生的频率是 1/100。等于和超过第二大年降水量的年份各有一个，所以其频率是 2/100 = 1/50（Sharp and Sawden，1984）。再如，等于和超过第五大年降水量的年份在一百年中有五个，那么它的频率就是 1/20。一般情况下，数据记录要重新排序，使频率最大的事件放在第一位，第二大事件放在第二位，以此类推。那么，任何一个事件的频率可以这样计算：

$$F = m / n \tag{5.1}$$

式中，F 为频率；m 为序号；n 为总年份数。用式（5.1）计算的频率被称为加利福尼亚（Californian）频率。

分析点频率记录的难题之一在于最大事件的发生频率难以精确确定。如果有 100 个年份的数据记录是可以利用的，那么最大事件发生的频率是 1/100。然而，如果考虑 101 个年份的记录，这额外一年的数据和这一百年中的最大量事件相比，差不多或稍微偏大也是有可能的。那么，该事件的频率将从 1/100 变成 1/50。利用超过 55 年的年降水量记录来计算频率时，结果表明，利用 10 年的降水记录计算出以两年为频次的年降水，与通过全部数据计算出的结果相差 30%。为克服极端事件频率的相关不确定性，可采用最常见的韦布尔（Weibull）绘点位置公式：

$$F = m/(n+1) \tag{5.2}$$

以及哈森（Hazen）公式：

$$F = (2m-1)/2n \tag{5.3}$$

其中，在计算点频率时，韦布尔绘点位置公式是最常用的。

例 5.1　点频率分析。

表 5-1 的数据给出了 15 年的时间段内，一个站点的年降水量。编写一段关于降水大小与频率的程序，并将它扩展延伸，使其能计算加利福尼亚频率、哈森频率或者韦布尔频率。

表 5-1　15 年内某站点年降水量

	第1年	第2年	第3年	第4年	第5年	第6年	第7年	第8年	第9年	第10年	第11年	第12年	第13年	第14年	第15年
年降水量/mm	250	300	500	480	750	600	550	700	400	350	610	550	700	450	680

建立一段程序，把数据从 DATA 语句中读出，然后选择能够利用的公式[如式（5.1）～式（5.3）]，利用冒泡排序法将数据排序。最后根据相应的公式，计算出频率。

程序流程如图 5-1 所示。

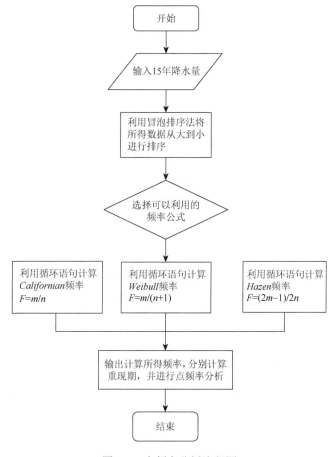

图 5-1　点频率分析流程图

在 Maple 编辑窗中的输入和程序响应依次为
> $Year := [1, 2, 3, 4, 5, 6, 7, 8, 9, 10, 11, 12, 13, 14, 15]$;

$$[1, 2, 3, 4, 5, 6, 7, 8, 9, 10, 11, 12, 13, 14, 15]$$

$n := nops(Year);$

$$15$$

$AnuaiRainFall := [250, 300, 500, 480, 750, 600, 550, 700, 400, 350, 610, 550, 700, 450, 680];$

$$[250, 300, 500, 480, 750, 600, 550, 700, 400, 350, 610, 550, 700, 450, 680]$$

$ARFSort := sort(AnualRainFall, '>');$

$$[750, 700, 700, 680, 610, 600, 550, 550, 500, 480, 450, 400, 350, 300, 250]$$

排序后降水量的等级值为

$rank := [1, 3, 3, 4, 5, 6, 8, 8, 9, 10, 11, 12, 13, 14, 15];$

$$[1, 3, 3, 4, 5, 6, 8, 8, 9, 10, 11, 12, 13, 14, 15]$$

计算 Californian 频率：

$F1 := [x1, x2, x3, x4, x5, x6, x7, x8, x9, x10, x11, x12, x13, x14, x15];$

$$[x1, x2, x3, x4, x5, x6, x7, x8, x9, x10, x11, x12, x13, x14, x15]$$

for i from 1 to n do $F1[i] := \dfrac{rank[i]}{n}$ od;

$$\frac{1}{15}$$

$$\frac{1}{5}$$

$$\frac{1}{5}$$

$$\frac{4}{15}$$

$$\frac{1}{3}$$

$$\frac{2}{5}$$

$$\frac{8}{15}$$

$$\frac{8}{15}$$

$$\frac{3}{5}$$

$$\frac{2}{3}$$

$$\frac{11}{15}$$

$$\frac{4}{5}$$

$$\frac{13}{15}$$

$$\frac{14}{15}$$

$$1$$

F1;

$$\left[\frac{1}{15},\frac{1}{5},\frac{1}{5},\frac{4}{15},\frac{1}{3},\frac{2}{5},\frac{8}{15},\frac{8}{15},\frac{3}{5},\frac{2}{3},\frac{11}{15},\frac{4}{5},\frac{13}{15},\frac{14}{15},1\right]$$

evalf $(F1)$;

[0.06666666667, 0.2000000000, 0.2000000000, 0.2666666667, 0.3333333333,

 0.4000000000, 0.5333333333, 0.5333333333, 0.6000000000, 0.6666666667,

 0.7333333333, 0.8000000000, 0.8666666667, 0.9333333333, 1.]

计算重现期 $R1$：

$R1:=[x1,x2,x3,x4,x5,x6,x7,x8,x9,x10,x11,x12,x13,x14,x15]$;

   $[x1,x2,x3,x4,x5,x6,x7,x8,x9,x10,x11,x12,x13,x14,x15]$

for i from 1 to 15 do $R1[i]:=\dfrac{1}{F1[i]}$; od;

$$15$$
$$5$$
$$5$$
$$\frac{15}{4}$$
$$3$$
$$\frac{5}{2}$$
$$\frac{15}{8}$$
$$\frac{15}{8}$$
$$\frac{5}{3}$$
$$\frac{3}{2}$$
$$\frac{15}{11}$$

$$\frac{5}{4}$$

$$\frac{15}{13}$$

$$\frac{15}{14}$$

$$1$$

$R1;$

$$\left[15, 5, 5, \frac{15}{4}, 3, \frac{5}{2}, \frac{15}{8}, \frac{15}{8}, \frac{5}{3}, \frac{3}{2}, \frac{15}{11}, \frac{5}{4}, \frac{15}{13}, \frac{15}{14}, 1\right]$$

$evalf(\%);$

$[15., 5., 5., 3.750000000, 3., 2.500000000, 1.875000000, 1.875000000, 1.666666667,$

$1.500000000, 1.363636364, 1.250000000, 1.153846154, 1.071428571, 1.]$

计算 *Weibull* 频率：

$F2 := [y1, y2, y3, y4, y5, y6, y7, y8, y9, y10, y11, y12, y13, y14, y15];$

$[y1, y2, y3, y4, y5, y6, y7, y8, y9, y10, y11, y12, y13, y14, y15]$

for i from 1 to n do $F2[i] := \dfrac{\text{rank}[i]}{n+1}$; od;

$$\frac{1}{16}$$

$$\frac{3}{16}$$

$$\frac{3}{16}$$

$$\frac{1}{4}$$

$$\frac{5}{16}$$

$$\frac{3}{8}$$

$$\frac{1}{2}$$

$$\frac{1}{2}$$

$$\frac{9}{16}$$

$$\frac{5}{8}$$

$$\frac{11}{16}$$

$$\frac{3}{4}$$

$$\frac{13}{16}$$

$$\frac{7}{8}$$

$$\frac{15}{16}$$

$F2;$

$$\left[\frac{1}{16},\frac{3}{16},\frac{3}{16},\frac{1}{4},\frac{5}{16},\frac{3}{8},\frac{1}{2},\frac{1}{2},\frac{9}{16},\frac{5}{8},\frac{11}{16},\frac{3}{4},\frac{13}{16},\frac{7}{8},\frac{15}{16}\right]$$

$> evalf(\%);$

[0.06250000000, 0.1875000000, 0.1875000000, 0.2500000000, 0.3125000000,
 0.3750000000, 0.5000000000, 0.5000000000, 0.5625000000, 0.6250000000,
 0.6875000000, 0.7500000000, 0.8125000000, 0.8750000000, 0.9375000000]

计算重现期 $R2$：

$R2 := [y1, y2, y3, y4, y5, y6, y7, y8, y9, y10, y11, y12, y13, y14, y15];$

$\qquad [y1, y2, y3, y4, y5, y6, y7, y8, y9, y10, y11, y12, y13, y14, y15]$

for i from 1 to 15 do $R2[i] := \dfrac{1}{F2[i]};$ od;

$$16$$

$$\frac{16}{3}$$

$$\frac{16}{3}$$

$$4$$

$$\frac{16}{5}$$

$$\frac{8}{3}$$

$$2$$

$$2$$

$$\frac{16}{9}$$

$$\frac{8}{5}$$

$$\frac{16}{11}$$

$$\frac{4}{3}$$

$$\frac{16}{13}$$

$$\frac{8}{7}$$

$$\frac{16}{15}$$

$R2;$

$$\left[16, \frac{16}{3}, \frac{16}{3}, 4, \frac{16}{5}, \frac{8}{3}, 2, 2, \frac{16}{9}, \frac{8}{5}, \frac{16}{11}, \frac{4}{3}, \frac{16}{13}, \frac{8}{7}, \frac{16}{15}\right]$$

$> evalf(\%);$

$[16., 5.333333333, 5.333333333, 4., 3.200000000, 2.666666667, 2., 2., 1.777777778,$

$1.600000000, 1.363636364, 1.333333333, 1.230769231, 1.142857143, 1.066666667]$

计算 $Hazen$ 频率:

$F2 := [z1, z2, z3, z4, z5, z6, z7, z8, z9, z10, z11, z12, z13, z14, z15];$

$[z1, z2, z3, z4, z5, z6, z7, z8, z9, z10, z11, z12, z13, z14, z15]$

for i from 1 to n do $F3[i] := \dfrac{(2\, rank[i]-1)}{2\, n}$; od;

$$\frac{1}{30}$$

$$\frac{1}{6}$$

$$\frac{1}{6}$$

$$\frac{7}{30}$$

$$\frac{3}{10}$$

$$\frac{11}{30}$$

$$\frac{1}{2}$$

$$\frac{1}{2}$$

$$\frac{17}{30}$$

$$\frac{19}{30}$$

$$\frac{7}{10}$$

$$\frac{23}{30}$$

$$\frac{5}{6}$$

$$\frac{9}{10}$$

$$\frac{29}{30}$$

$F3;$

$$\left[\frac{1}{30}, \frac{1}{6}, \frac{1}{6}, \frac{7}{30}, \frac{3}{10}, \frac{11}{30}, \frac{1}{2}, \frac{1}{2}, \frac{17}{30}, \frac{19}{30}, \frac{7}{10}, \frac{23}{30}, \frac{5}{6}, \frac{9}{10}, \frac{29}{30}\right]$$

$> evalf(\%);$

[0.0333333333, 0.1666666667, 0.1666666667, 0.2333333333, 0.3000000000,

  0.3666666667, 0.5000000000, 0.5000000000, 0.5666666667, 0.6333333333,

  0.7000000000, 0.7666666667, 0.8333333333, 0.9000000000, 0.9666666667]

计算重现期 $R3$：

$R3 := [z1, z2, z3, z4, z5, z6, z7, z8, z9, z10, z11, z12, z13, z14, z15];$

  $[z1, z2, z3, z4, z5, z6, z7, z8, z9, z10, z11, z12, z13, z14, z15]$

for i from 1 to 15 do $R3[i] := \dfrac{1}{F3[i]};$ od;

$$30$$

$$6$$

$$6$$

$$\frac{30}{7}$$

$$\frac{10}{3}$$

$$\frac{30}{11}$$

$$2$$
$$2$$
$$\frac{30}{17}$$
$$\frac{30}{19}$$
$$\frac{10}{7}$$
$$\frac{30}{23}$$
$$\frac{6}{5}$$
$$\frac{10}{9}$$
$$\frac{30}{29}$$

*R*3;

$$\left[30, 6, 6, \frac{30}{7}, \frac{10}{3}, \frac{30}{11}, 2, 2, \frac{30}{17}, \frac{30}{19}, \frac{10}{7}, \frac{30}{23}, \frac{6}{5}, \frac{10}{9}, \frac{30}{29}\right]$$

> *evalf*(%);

[30., 6., 6., 4.285714286, 3.333333333, 2.727272727, 2., 2., 1.764705882, 1.578947368, 1.428571429, 1.304347826, 1.200000000, 1.111111111, 1.034482759]

程序中所用到的函数及其说明见表 5-2 和表 5-3。

表 5-2　*nops*( )函数简介

功能	显示操作数的个数
原型	*nops*（*expr*）
参数	表达式
返回	表达式中操作数的个数

表 5-3　*evalf*( )函数简介（1）

功能	将对象转化为浮点数
原型	*evalf*（*expr*）
参数	表达式
返回	浮点数形式的表达式

运行结果如图 5-2 所示。

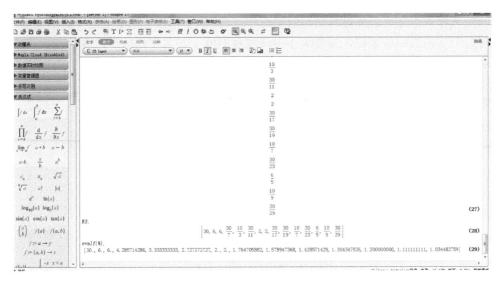

图 5-2　点频率分析程序运行图

5.2　多元线性回归法预测入库流量

中长期水文预报一般长达一旬或一年，在中长期水文预报中，统计学方法较为普遍，以下重点介绍多元线性回归分析法。

将预报因子与预报对象进行线性拟合，建立多元线性回归方程：

$$\hat{y} = b_0 + b_1 x_1 + b_2 + \cdots + b_m x_m \tag{5.4}$$

式中，$b_0, b_1, b_2, \cdots, b_m$ 为回归系数；$x_1, x_2, \cdots, x_m$ 为预报因子。

回归系数可以根据历史资料按最小二乘方法确定。对上式应用最小二乘法可导出如下方程组：

$$\left. \begin{array}{l} nb_0 + b_1 \sum_{i=1}^{n} x_{1i} + b_2 \sum_{i=1}^{n} x_{2i} + \cdots + b_m \sum_{i=1}^{n} x_{mi} = \sum_{i=1}^{n} y_i \\[2ex] b_0 \sum_{i=1}^{n} x_{1i} + b_1 \sum_{i=1}^{n} x_{1i}^2 + b_2 \sum_{i=1}^{n} x_{1i} x_{2i} + \cdots + b_m \sum_{i=1}^{n} x_{1i} x_{mi} = \sum_{i=1}^{n} x_{1i} y_i \\[2ex] b_0 \sum_{i=1}^{n} x_{2i} + b_1 \sum_{i=1}^{n} x_{1i} x_{2i} + b_2 \sum_{i=1}^{n} x_{2i}^2 + \cdots + b_m \sum_{i=1}^{n} x_{2i} x_{mi} = \sum_{i=1}^{n} x_{2i} y_i \\[2ex] \qquad\qquad\qquad\qquad\qquad \vdots \\[1ex] b_0 \sum_{i=1}^{n} x_{mi} + b_1 \sum_{i=1}^{n} x_{1i} x_{mi} + b_2 \sum_{i=1}^{n} x_{2i} x_{mi} + \cdots + b_m \sum_{i=1}^{n} x_{mi}^2 = \sum_{i=1}^{n} x_{mi} y_i \end{array} \right\} \tag{5.5}$$

式中，x_{ji} 为第 j 个预报因子的第 i 次观测值，$j = 1, 2, \cdots, m$，$i = 1, 2, \cdots, n$；y_i 为预报对象的第 i 次观测值，$i = 1, 2, \cdots, n$；n 为观测资料项数；m 为预报因子总个数。回归方程求得之后必须对其回归效果进行检验。由于预报对象 y 值是一随机变量，对每个 y 的观测值来说，变差大小由该次观测值 y_i 与其平均值 $\bar{y}$ 的离差表示，其 n 次观测值的总变差为

$$S_{yy} = \sum_{i=1}^{n} (y_i - \bar{y})^2 \tag{5.6}$$

式中，$\bar{y}$ 为预报对象 n 次观测值的均值。

设 $\hat{y}_i$ 为预报对象估计值，则每个观测点的离差 $y_i - \bar{y}$ 可分解为

$$y_i - \bar{y} = (y_i - \hat{y}_i) + (\hat{y}_i - \bar{y}) \tag{5.7}$$

将式（5.7）代入式（5.6），则有

$$S_{yy} = \sum_{i=1}^{n} (y_i - \bar{y})^2 = \sum_{i=1}^{n} [(y_i - \hat{y}_i) + (\hat{y}_i - \bar{y})]^2$$

$$= \sum_{i=1}^{n} (y_i - \hat{y}_i)^2 + \sum_{i=1}^{n} (\hat{y}_i - \bar{y})^2 + 2 \sum_{i=1}^{n} (y_i - \hat{y}_i)(\hat{y}_i - \bar{y})$$

上式中右端最后一项为零，由此 S_{yy} 可分解为两部分：

$$S_{yy} = \sum_{i=1}^{n} (y_i - \hat{y}_i)^2 + \sum_{i=1}^{n} (\hat{y}_i - \bar{y})^2 \tag{5.8}$$

上式右端第一项表示观测值 y_i 与估计值 $\hat{y}_i$ 之差的平方和，称之为残差平方和（记为 Q）。残差平方和反映了排除自变量 x 的作用之外其他因素对 y 的影响。右端第二项是 $\hat{y}_i$ 与均值 $\bar{y}$ 之差的平方和，称之为回归平方和（记为 U），它反映了因子 x 的变化而引起 y 变化的部分。式（5.8）可记为

$$S_{yy} = Q + U$$

对于给定的一组观测资料，S_{yy} 是不变的，即 $Q + U$ 是一个常数，若 Q 大则 U 小，若 U 大则 Q 小。因此，Q 与 U 都可以衡量回归的效果。为消除 Q 和 U 的因次，采用下述指标：

$$r_{\text{复}} = \sqrt{\frac{U}{S_{yy}}} = \sqrt{1 - \frac{Q}{S_{yy}}} \tag{5.9}$$

式中，$r_{\text{复}}$ 为复相关系数，其值变化范围为 $0 \leqslant r_{\text{复}} \leqslant 1$。显然 $r_{\text{复}}$ 越接近于 1，回归效果越好。

　　例 5.2　应用新安江水库 1955~1973 年 4~7 月平均流量和的资料，以及屯溪气象站相应的气象资料，运用多元线性回归分析法对入库流量进行预报（表 5-4）。

表 5-4　新安江水库 4～7 月流量预报因子表

年份	4～7 月平均流量和 $y/(\text{m}^3/\text{s})$	$x_1/{}^{\circ}\text{C}$	$x_2/(\text{g/m}^3)$	x_3/hPa	x_4/hPa
1955	3467	26.4	29.1	4.1	5.8
1956	2622	27.6	28.8	12.3	6.0
1957	1880	29.1	30.0	5.8	8.0
1958	1997	29.0	28.7	7.3	7.8
1959	2615	29.4	27.8	11.1	5.3
1960	2091	28.2	29.3	8.7	6.9
1861	1503	28.4	28.6	8.2	10.0
1962	1993	29.9	26.7	9.9	7.0
1963	1616	28.6	30.9	10.0	7.3
1964	1938	28.5	29.7	9.1	9.0
1965	1725	28.4	29.5	8.2	10.5
1966	2680	28.0	29.6	7.0	7.9
1967	2327	28.1	29.9	7.5	8.8
1968	1701	28.4	29.6	11.5	6.6
1969	3634	27.6	28.2	7.0	7.1
1970	3375	27.3	29.6	5.4	8.5
1971	2397	26.7	28.5	9.7	7.4
1972	992	30.0	29.9	8.8	7.5
1973	4345	27.7	28.0	8.0	5.4
合计	44898	537.3	552.4	159.6	142.8
平均	2363	28.3	29.1	8.4	7.5

程序流程如图 5-3 所示。

在 Maple 编辑窗中的输入代码和程序响应依次为

代码中的参数和表 5-4 中一致:

y 代表 4～7 月平均流量和;

x_1、x_2、x_3、x_4 代表 5-4 表中第 3～6 列各预报因子。

> $y := [3467, 2622, 1880, 1997, 2615, 2091, 1503, 1993, 1616, 1938, 1725, 2680,$
$2327, 1701, 3634, 3375, 2397, 992, 4345]$

$y := [3467, 2622, 1880, 1997, 2615, 2091, 1503, 1993, 1616, 1938, 1725, 2680, 2327,$
$1701, 3634, 3375, 2397, 992, 4345]$

> $Y := \sum_{i=1}^{19} y[i]$

$$Y := 44898$$

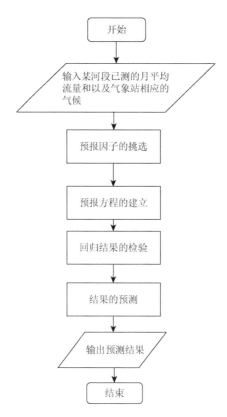

图 5-3　多元线性回归法预测入库流量流程图

$>Ye\text{:}=\dfrac{\sum\limits_{i=1}^{19}y[i]}{19}$

$$Ye\text{:}=\dfrac{44898}{19}$$

$>x1\text{:}=[26.4, 27.6, 29.1, 29.0, 29.4, 28.2, 28.4, 29.9, 28.6, 28.5, 28.4, 28.0,$
$28.1, 28.4, 27.6, 27.3, 26.7, 30.0, 27.7]$

$x1\text{:}=[26.4, 27.6, 29.1, 29.0, 29.4, 28.2, 28.4, 29.9, 28.6, 28.5, 28.4, 28.0,$
$28.1, 28.4, 27.6, 27.3, 26.7, 30.0, 27.7]$

$>X1\text{:}=\sum\limits_{i=1}^{19}x1[i]$

$$X1\text{:}=537.3$$

$>X1e\text{:}=\dfrac{\sum\limits_{i=1}^{19}x1[i]}{19}$

$$X1e := 28.27894737$$

$$> rx1y := \frac{\left(\sum_{i=1}^{19} (x1[i] - X1e) \cdot (y[i] - Ye) \right)}{\sqrt{\sum_{i=1}^{19} (x1[i] - X1e)^2 \cdot \sum_{i=1}^{19} (y[i] - Ye)^2}}$$

$$rx1y := -0.6379963753$$

$> x2 := [29.1, 28.8, 30.0, 28.7, 27.8, 29.3, 28.6, 26.7, 30.9, 29.7, 29.5, 29.6,$
　　$29.9, 29.6, 28.2, 29.6, 28.5, 29.9, 28.0]$

　　$x2 := [29.1, 28.8, 30.0, 28.7, 27.8, 29.3, 28.6, 26.7, 30.9, 29.7, 29.5, 29.6,$
　　$29.9, 29.6, 28.2, 29.6, 28.5, 29.9, 28.0]$

$$> X2 := \sum_{i=1}^{19} x2[i]$$

$$X2 := 552.4$$

$$> X2e := \frac{X2}{19}$$

$$X2e := 29.07368421$$

$$> rx2y := \frac{\left(\sum_{i=1}^{19} (x2[i] - X2e) \cdot (y[i] - Ye) \right)}{\sqrt{\sum_{i=1}^{19} (x2[i] - X2e)^2 \cdot \sum_{i=1}^{19} (y[i] - Ye)^2}}$$

$$rx2y := -0.3679643092$$

$> x3 := [4.1, 12.3, 5.8, 7.3, 11.1, 8.7, 8.2, 9.9, 10.0, 9.1, 8.2, 7.0, 7.5, 11.5, 7.0,$
　　$5.4, 9.7, 8.8, 8.0]$

　　$x3 := [4.1, 12.3, 5.8, 7.3, 11.1, 8.7, 8.2, 9.9, 10.0, 9.1, 8.2, 7.0, 7.5, 11.5, 7.0,$
　　$5.4, 9.7, 8.8, 8.0]$

$$> X3 := \sum_{i=1}^{19} x3[i]$$

$$X3 := 159.6$$

$$> X3e := \frac{X3}{19}$$

$$X3e := 8.400000000$$

$$> rx3y := \frac{\left(\sum_{i=1}^{19} (x3[i] - X3e) \cdot (y[i] - Ye) \right)}{\sqrt{\sum_{i=1}^{19} (x3[i] - X3e)^2 \cdot \sum_{i=1}^{19} (y[i] - Ye)^2}}$$

$$rx3y := -0.3693609904$$

> $x4 := [5.8, 6.0, 8.0, 7.8, 5.3, 6.9, 10.0, 7.0, 7.3, 9.0, 10.5, 7.9, 8.8, 6.6, 7.1,$
$8.5, 7.4, 7.5, 5.4]$

$x4 := [5.8, 6.0, 8.0, 7.8, 5.3, 6.9, 10.0, 7.0, 7.3, 9.0, 10.5, 7.9, 8.8, 6.6, 7.1,$
$8.5, 7.4, 7.5, 5.4]$

> $X4 := \sum_{i=1}^{19} x4[i]$

$$X4 := 142.8$$

> $X4e := \dfrac{X4}{19}$

$$X4e := 7.515789474$$

> $rx4y := \dfrac{\left(\sum\limits_{i=1}^{19}(x4[i]-X4e)\cdot(y[i]-Ye)\right)}{\sqrt{\sum\limits_{i=1}^{19}(x4[i]-X4e)^2 \cdot \sum\limits_{i=1}^{19}(y[i]-Ye)^2}}$

$$rx4y := -0.4779816204$$

>

$b := solve\left(\left\{19\cdot b0 + b1\cdot\sum_{i=1}^{19}x1[i] + b2\cdot\sum_{i=1}^{19}x2[i] + b3\cdot\sum_{i=1}^{19}x3[i] + b4\cdot\sum_{i=1}^{19}x4[i] = \sum_{i=1}^{19}y[i],\right.\right.$

$b0\cdot\sum_{i=1}^{19}x1[i] + b1\cdot\sum_{i=1}^{19}((x1[i])^2) + b2\cdot\sum_{i=1}^{19}((x2[i])\cdot(x1[i])) + b3\cdot\sum_{i=1}^{19}((x3[i])\cdot(x1[i]))$

$+ b4\cdot\sum_{i=1}^{19}((x4[i])\cdot(x1[i])) = \sum_{i=1}^{19}((x1[i])\cdot(y[i])), b0\cdot\sum_{i=1}^{19}x2[i] + b1\cdot\sum_{i=1}^{19}((x1[i])$

$\cdot(x2[i])) + b2\cdot\sum_{i=1}^{19}((x2[i])\cdot(x2[i])) + b3\cdot\sum_{i=1}^{19}((x3[i])\cdot(x2[i])) + b4\cdot\sum_{i=1}^{19}((x4[i])$

$\cdot(x2[i])) = \sum_{i=1}^{19}((x2[i])\cdot(y[i])), b0\cdot\sum_{i=1}^{19}x3[i] + b1\cdot\sum_{i=1}^{19}((x1[i])\cdot(x3[i])) + b2$

$\cdot\sum_{i=1}^{19}((x2[i])\cdot(x3[i])) + b3\cdot\sum_{i=1}^{19}((x3[i])\cdot(x3[i])) + b4\cdot\sum_{i=1}^{19}((x4[i])\cdot(x3[i]))$

$= \sum_{i=1}^{19}((x3[i])\cdot(y[i])), b0\cdot\sum_{i=1}^{19}x4[i] + b1\cdot\sum_{i=1}^{19}((x1[i])\cdot(x4[i])) + b2\cdot\sum_{i=1}^{19}((x2[i])$

$\cdot(x4[i])) + b3\cdot\sum_{i=1}^{19}((x3[i])\cdot(x4[i])) + b4\cdot\sum_{i=1}^{19}((x4[i])\cdot(x4[i])) = \sum_{i=1}^{19}((x4[i])\cdot(y[i]))\right\}$

$,[b0, b1, b2, b3, b4]\Big)$

$b := [[b0 = 25794.85862, b1 = -433.6679384, b2 = -281.7582049, b3 = -145.8023838,$

$b4 = -233.0618879]]$

> $y1 := [seq(25794.85862 - 433.6679384 \cdot x1[i] - 281.7582049$

$\cdot x2[i] - 145.8023838 \cdot x3[i] - 233.0618879 \cdot x4[i], i = 1..19)]$

$y1 := [4197.312563, 2519.246571, 2012.226534, 2249.787801, 2358.508668,$

$2433.299590, 1894.206084, 2230.366374, 1526.251429, 1642.745010,$

$1524.092755, 2450.307874, 2039.756731, 1923.710431, 3204.686051,$

$2847.322115, 3046.874727, 1329.225007, 3468.073728]$

> $U := \sum_{i=1}^{19} (y1[i] - Ye)^2$

$$U := 9.695627794 \, 10^6$$

> $Syy := \sum_{i=1}^{19} (y[i] - Ye)^2$

$$Syy := \frac{24322916}{19}$$

> $r := \sqrt{\dfrac{U}{Syy}}$

$$r := 0.8702756028$$

> $y1974 := (b0, b1, b2, b3, b4) \rightarrow b0 + b1 \cdot 27.0 + b2 \cdot 30.1 + b3 \cdot 7.7 + b4 \cdot 8.3$

$y1974 := (b0, b1, b2, b3, b4) \rightarrow b0 + 27.0 \, b1 + 30.1 \, b2 + 7.7 \, b3 + 8.3 \, b4$

> $y1974(b0 = 25794.85862, b1 = -433.6679384, b2 = -281.7582049,$

$b3 = -145.8023838, b4 = -233.0618879)$

$$b0 + 27.0 \, b1 + 30.1 \, b2 + 7.7 \, b3 + 8.3 \, b4 = 2547.810288$$

程序中所使用的函数及其说明见表 5-5 和表 5-6。

表 5-5　*solve*( )函数简介

功能	求解方程组 *eqn* 中的未知数 *var*
原型	*solve*（*eqn*, *var*）
参数	预报因子与预报对象的观测值
返回	*b0*, *b1*, *b2*, *b3*, *b4*

表 5-6　*seq*( )函数简介（1）

功能	生成数列
原型	$seq\,(f,\ i=m..n)$
参数	预测因子观测值
返回	预报对象估计值形成的数列

程序运行结果如图 5-4 所示。

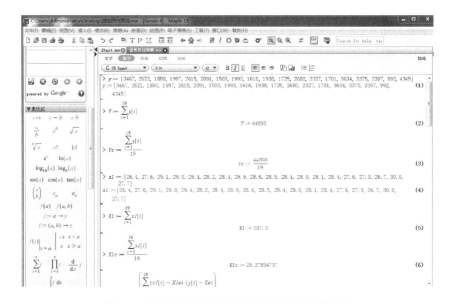

图 5-4　多元线性回归法预测入库流量程序运行图

5.3　相关分析法

在水文计算中，我们经常遇到某一水文要素的实测资料系列很短，而与其有关的另一要素的资料却很长的情况，这时我们可以通过相关分析把短期的系列延长（詹道江和叶守泽，2005）。水文预报中也经常采用相关分析的方法。

运用相关分析法进行水文预报的分析过程如下。

设直线方程的形式为

$$y = ax + b \tag{5.10}$$

式中，x 为自变量；y 为因变量；a、b 为待定常数。

观测点与配合的直线在纵轴上的离差为

$$\Delta y_i = y_i - \hat{y}_i = y_i - a + bx_i$$

要使直线拟合"最佳"，须使离差 Δy_i 的平方和为"最小"，即使

$$\sum_{i=1}^{n} (\Delta y_i)^2 = \sum_{i=1}^{n} (y_i - \hat{y}_i)^2 = \sum_{i=1}^{n} (y_i - a + bx_i)^2 \tag{5.11}$$

为极小值。

要使上式取得最小值，分别对 a 和 b 求一阶导数，并使其等于 0，得

$$\left. \begin{array}{l} \dfrac{\partial \sum\limits_{i=1}^{n}(y_i - a - bx_i)^2}{\partial a} = 0 \\[2em] \dfrac{\partial \sum\limits_{i=1}^{n}(y_i - a - bx_i)^2}{\partial b} = 0 \end{array} \right\}$$

解方程组，可得

$$b = \frac{\sum\limits_{i=1}^{n}(x_i - \overline{x})(y_i - \overline{y})}{\sum\limits_{i=1}^{n}(x_i - \overline{x})^2} = r \frac{\sigma_y}{\sigma_x} \tag{5.12}$$

$$a = \overline{y} - b\overline{x} = \overline{y} - r \frac{\sigma_y}{\sigma_x} \tag{5.13}$$

$$r = \frac{\sum\limits_{i=1}^{n}(x_i - \overline{x})(y_i - y)}{\sqrt{\sum\limits_{i=1}^{n}(x_i - \overline{x})^2 \sum\limits_{i=1}^{n}(y_i - \overline{y})^2}} = \frac{\sum\limits_{i=1}^{n}(K_{x_i} - 1)(K_{y_i} - 1)}{\sqrt{\sum\limits_{i=1}^{n}(K_{x_i} - 1)^2 \sum\limits_{i=1}^{n}(K_{y_i} - 1)^2}} \tag{5.14}$$

式中，σ_x、σ_y 为 x、y 系列的均方差；$\overline{x}$、$\overline{y}$ 为 x、y 系列的均值；r 为相关系数，表示 x、y 间关系的密切程度。

将式（5.12）和式（5.13）代入式（5.10）得

$$y - \overline{y} = r \frac{\sigma_y}{\sigma_x}(x - \overline{x}) \tag{5.15}$$

式（5.15）称为因变量 y 对于 x 的回归方程式，这一方程式的曲线为 y 对于 x 的回归线。

$r \dfrac{\sigma_y}{\sigma_x}$ 是回归线的斜率，称为回归系数，并记为 $R_{x/y}$，即

$$R_{x/y} = r \frac{\sigma_y}{\sigma_x}$$

在水文统计中，可以运用以上方法，用较长期的年降雨量资料延长较短的年径流资料。

例 5.3   以表 5-7 中某站的年降雨量与年径流量资料为例，说明回归方程的建立与应用。

表 5-7   某站年降雨量与年径流量相关计算表

年份	年降雨量 x/mm	年径流量 y/mm	K_x	K_y
1954	2014	1362	1.54	1.73
1955	1211	728	0.92	0.92
1956	1728	1369	1.32	1.74
1957	1157	695	0.88	0.88
1958	1257	720	0.96	0.91
1959	1029	534	0.79	0.68
1960	1306	778	1.00	0.99
1961	1029	337	0.79	0.44
1962	1310	809	1.00	1.03
1963	1356	929	1.03	1.18
1964	1266	796	0.97	1.01
1965	1052	383	0.80	0.49
合计	15715	9940	12.00	12.00

程序流程如图 5-5 所示。

在 Maple 编辑窗中的输入代码和程序响应依次为

> $x := [2014, 1211, 1728, 1157, 1257, 1029, 1306, 1029, 1310, 1356, 1266, 1052]$

    $[2014, 1211, 1728, 1157, 1257, 1029, 1306, 1029, 1310, 1356, 1266, 1052]$

$$X := \sum_{i=1}^{12} x[i]$$

15715

$$X_e := \frac{1}{12} \cdot \sum_{i=1}^{12} x[i]$$

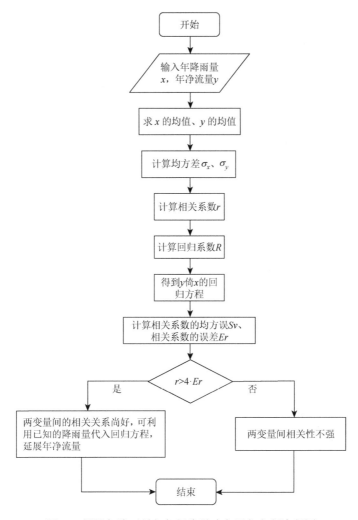

图 5-5 根据年降雨量与年径流量建立回归方程流程图

$$\frac{15715}{12}$$

$$evalf\left(\frac{15715}{12}\right)$$

1309.583333

$$y := [1362, 728, 1369, 695, 720, 534, 778, 337, 809, 929, 796, 383]$$

$$[1362, 728, 1369, 695, 720, 534, 778, 337, 809, 929, 796, 383]$$

$$Y := \sum_{i=1}^{12} y[i]$$

$$9440$$

$$evalf(Y)$$

$$9440$$

$$Y_e := \frac{1}{12} \cdot \sum_{i=1}^{12} y[i] : evalf(Y_e)$$

$$786.6666667$$

模比系数 $Kx := \left[seq\left(\frac{x[i]}{X_e}, i = 1..12 \right) \right] : evalf(Kx)$

[1.537893732, 0.9247216036, 1.319503659, 0.8834871142, 0.9598472797,
  0.7857461024, 0.9972637607, 0.7857461024, 1.000318167, 1.035443843,
  0.9667196946, 0.8033089405]

模比系数 $Ky := \left[seq\left(\frac{y[i]}{Y_e}, i = 1..12 \right) \right] : evalf(Ky)$

[1.731355932, 0.9254237288, 1.740254237, 0.8834745763, 0.9152542373,
  0.6788135593, 0.9889830508, 0.4283898305, 1.028389831, 1.180932203,
  1.011864407, 0.4868644068]

均方差 $\sigma x := 1309.583333 \sqrt{\dfrac{\left(\sum_{i-1}^{12} (Kx[i]-1)^2 \right)}{11}}$

$$0.00003374502260 \sqrt{74637674381523}$$

均方差 $\sigma y := 786.6666667 \sqrt{\dfrac{\left(\sum_{i=1}^{12} (Kx[i]-1)^2 \right)}{11}}$

$$0.1515151515 \sqrt{4499814}$$

计算相关系数 $r := \dfrac{\sum_{i=1}^{12} (Kx[i]-1) \cdot (Ky[i]-1)}{\sqrt{\left(\sum_{i=1}^{12} (Kx[i]-1)^2 \right) \cdot \left(\sum_{i=1}^{12} (Kx[i]-1)^2 \right)}} : evalf(r)$

$$0.9503091414$$

计算相关系数 $R := \dfrac{r \cdot \sigma y}{\sigma x} : evalf(R)$

$$1.047681994$$

y 倚 x 的回归方程 $y1 + R \cdot (x1 - Xe)$

回归直线的均方误 $Sy := \sigma y \cdot \sqrt{1 - r^2}$:

$evalf(Sy)$

$$100.0560429$$

相关系数的误差 $Er := 0.6745 \cdot \dfrac{1 - r^2}{\sqrt{12}}$:

$evalf(Er)$

$$0.01886997330$$

$evalf(4 \cdot Er)$

$$0.07547989319$$

$r > 4 \cdot Er$ 表明两变量相关关系存在。

　　将 1952～1953 年的降雨量代入回归方程，加上实测 1954～1965 年的资料，可将该站年径流量资料延展至 34 年。

$x1 := [982, 1080, 1320, 880, 1159, 1410, 1360, 1010, 870, 1170, 930, 1040, 885, 1265, 1165, 1070, 1360, 922, 1460, 1195, 1330, 995]$

$[982, 1080, 1320, 880, 1159, 1410, 1360, 1010, 870, 1170, 930, 1040, 885, 1265, 1165, 1070, 1360, 922, 1460, 1195, 1330, 995]$

$y1 := seq(Y_e + Rx1[i] - R \cdot X_e, i = 1..22)$:

$evalf(y1)$

443.4635077, 546.1363423, 797.5800213, 336.5999440, 628.9032199, 891.8714010, 839.4873008, 472.7986029, 326.1231241, 640.4277219, 388.9840437, 504.2290628, 341.8383539, 739.9575114, 635.1893121, 535.6595226, 839.4873008, 380.6025878, 944.2555001, 666.6197720, 808.0568409, 457.0833734

程序中所使用的函数见表 5-8。

表 5-8　seq( )函数简介（2）

功能	创建表达式组
原型	$seq\ (f,\ i = m..n)$
参数	模比系数
返回	一系列数

运行结果如图 5-6 所示。

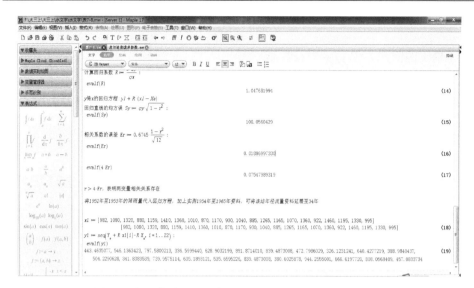

图 5-6　根据年降雨量与年径流量建立回归方程程序运行图

5.4　水文频率曲线的参数估计方法

连续型随机变量的分布是以概率密度曲线和分布曲线表示的，称为水文频率曲线，可分为三种类型：正态分布型、极值分布型以及皮尔逊Ⅲ型分布型。我国一般采用皮尔逊Ⅲ型频率曲线（詹道江和叶守泽，2005）。

皮尔逊Ⅲ型频率曲线是一条一端有限一端无限的不对称单峰、正偏曲线，其概率密度函数为

$$f(x) = \frac{\beta^\alpha}{\Gamma(\alpha)} (x - a_0)^{\alpha-1} e^{-\beta(x-a_0)}$$

式中，$\Gamma(\alpha)$ 为 α 的伽马函数；α、β、a_0 分别为皮尔逊Ⅲ型分布的性状、尺度、位置参数，$\alpha > 0$，$\beta > 0$。

α、β、a_0 确定后，该密度函数也随之确定。这三个参数与总体的三个统计参数 $\bar{x}$、C_v、C_s 具有以下关系：

$$\left. \begin{array}{l} \alpha = \dfrac{4}{C_s^2} \\[2mm] \beta = \dfrac{2}{\bar{x} C_v C_s} \\[2mm] a_0 = \bar{x}\left(1 - \dfrac{2C_v}{C_s}\right) \end{array} \right\}$$

概率分布函数中都含有一些表示分布特征的参数，皮尔逊Ⅲ型分布曲线中就

包含 $\bar{x}$、C_v、C_s 三个参数。为了确定具体的概率分布函数，需要估计这些参数，以下介绍矩法估计频率曲线参数的过程。

设随机变量 x 的分布函数为 $F(x)$，则 x 的 r 阶原点矩和中心矩分别为

$$m_r = \int_{-\infty}^{+\infty} x^r f(x) \mathrm{d}x$$

$$\mu_r = \int_{-\infty}^{+\infty} [x - E(x)]^r f(x) \mathrm{d}x$$

式中，$E(x)$ 为随机变量 x 的数学期望；$f(x)$ 为随机变量 x 的概率密度函数。

由于各阶原点矩和中心矩都与统计参数之间有一定的关系，因此，可以用矩来表示参数。

对于样本，r 阶样本原点矩 $\hat{m}_r$ 和 r 阶样本中心距 $\hat{\mu}_r$ 分别为

$$\hat{m}_r = \frac{1}{n} \sum_{i=1}^{n} x_i^r \qquad r = 1, 2, \cdots$$

$$\hat{\mu}_r = \frac{1}{n} \sum_{i=1}^{n} (x_i - \bar{x})^2 \qquad r = 2, 3, \cdots$$

式中，n 为样本容量。

均值的无偏估计值为样本估计值，即

$$\bar{x} = \frac{1}{n} \sum_{i=1}^{n} x_i$$

二阶中心矩的数学期望为

$$E(\hat{\mu}_2) = \frac{n-1}{n} \mu_2$$

或

$$E\left(\frac{n}{n-1} \hat{\mu}_2 \right) = \mu_2$$

因此，C_v 的无偏估计量为

$$C_v = \sqrt{\frac{n}{n-1}} \sqrt{\frac{\sum_{i=1}^{n} (K_i - 1)^2}{n}} = \sqrt{\frac{\sum_{i=1}^{n} (K_i - 1)^2}{n-1}}$$

样本三阶中心矩的数学期望为

$$E(\hat{\mu}_3) = \frac{(n-1)(n-2)}{n^2} \mu_3$$

或

$$E\left[\frac{n^2}{(n-1)(n-2)} \hat{\mu}_3 \right] = \mu_3$$

C_s 的无偏估计量为

$$C_s = \frac{n^2}{(n-1)(n-2)} \frac{\sum_{i-1}^{n}(K_i-1)^3}{nC_v^3} \approx \frac{\sum_{i-1}^{n}(K_i-1)^3}{(n-3)C_v^3}(当n较大时)$$

例 5.4 某站只有 24 年的实测年径流资料，见表 5-9。根据降水量资料用矩法初选参数配线。

表 5-9 某站实测年径流资料

年份	年径流深/mm	年份	年径流深/mm
1952	538.3	1964	769.2
1953	624.9	1965	615.5
1954	663.2	1966	417.1
1955	591.7	1967	789.3
1956	557.2	1968	732.9
1957	998.0	1969	1064.5
1958	641.5	1970	606.7
1959	341.1	1971	586.7
1960	964.2	1972	567.4
1961	687.3	1973	587.7
1962	546.7	1974	709.0
1963	509.9	1975	883.5

程序流程如图 5-7 所示。

在 Maple 编辑窗中的输入代码和程序响应依次为

>将原始资料按大小次序排列：

$x :=$ [1064.5, 998.0, 964.2, 883.5, 789.3, 769.2, 732.9, 709.0, 687.3, 663.2, 641.5, 624.9, 615.5, 606.7, 591.7, 587.7, 586.7, 567.4, 557.2, 546.7, 538.3, 509.9, 417.1, 341.1]

[1064.5, 998.0, 964.2, 883.5, 789.3, 769.2, 732.9, 709.0, 687.3, 663.2, 641.5, 624.9, 615.5, 606.7, 591.7, 587.7, 586.7, 567.4, 557.2, 546.7, 538.3, 509.9, 417.1, 341.1]

用公式 $P = m/(n+1) \cdot 100\%$ 计算经验概率，$n = 24$。

$$P : \left[seq\left(\frac{i}{25}, i = 1..24\right) \right] : evalf(P)$$

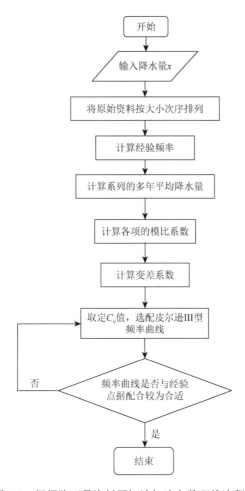

图 5-7 根据降雨量资料用矩法初选参数配线流程图

[0.04000000000, 0.08000000000, 0.1200000000, 0.1600000000, 0.200000000,
0.2400000000, 0.2800000000, 0.3200000000, 0.3600000000, 0.4000000000,
0.4400000000, 0.4800000000, 0.5200000000, 0.5600000000, 0.6000000000,
0.6400000000, 0.6800000000, 0.7200000000, 0.7600000000, 0.8000000000,
0.8400000000, 0.8800000000, 0.9200000000, 0.9600000000]

$>g0 := plot(Vector([P]), Vector([x]), color = blue); display(g0)$

由上述程序运行得降水量频率曲线图，如图 5-8 所示。

计算系列的多年平均降水量：

$$X_e := \frac{\sum\limits_{i=1}^{24} x[i]}{24}$$

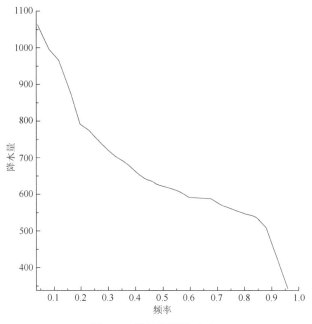

图 5-8　频率曲线图（1）

666.3958333

计算各项的模比系数，其总和应等于 n（允许一定误差）：

$$K := \frac{x}{X_e}$$

[1.597398944, 1.497608404, 1.446887798, 1.325788602, 1.184431175, 1.154268922,
1.099796793, 1.063932223, 1.031368994, 0.9952043020, 0.9626410732,
0.9377309534, 0.9236252230, 0.9104198583, 0.8879107139, 0.8819082754,
0.8804076658, 0.8514459001, 0.8361396819, 0.8203832809, 0.8077781601,
0.7651608468, 0.6259042738, 0.5118579424]

$$\sum_{i=1}^{24} K[i]$$

23.99999999

计算各项的 $K[i]-1$，其总和应为 0：

$$\sum_{i=1}^{24} (K[i]-1)$$

$5.0\,10^{-9}$

计算变差系数：

$$C_v := \sqrt{\dfrac{\sum\limits_{i=1}^{24}(K[i]-1)^2}{23}}$$

0.2633122213

选定 $C_{v1} = 0.30$，并假定 $C_{s1} = 2C_v = 0.60$，查附表的 $Kp1$ 值表，分别计算得出相应于各频率 p 的 $xp1$ 值，根据 p、$xp1$ 值绘图，并点绘 x 与 p 的对应点。频率曲线配合不佳，需再次配线。

$Kp1 := 1.82, 1.54, 1.40, 1.24, 0.97, 0.78, 0.64, 0.56, 0.44$
$\qquad 1.82, 1.54, 1.40, 1.24, 0.97, 0.78, 0.64, 0.56, 0.44$

$p := 0.01, 0.05, 0.10, 0.20, 0.50, 0.75, 0.90, 0.95, 0.99$
$\qquad 0.01, 0.05, 0.10, 0.20, 0.50, 0.75, 0.90, 0.95, 0.99$

$xp1 := seq(Kp1[i] \cdot X_e, i = 1..9)$
$\qquad 1212.840417, 1026.249583, 932.9541666, 826.3308333, 646.4039583,$
$\qquad 519.7887500, 426.4933333, 373.1816666, 293.2141667$

$> with(plots):$

$g1 := plot(Vector([P]), Vector([x]), style = point, symbol = asterisk, color = red):$

$g2 := plot(Vector([P]), Vector([xp1]), color = blue):$

$display(g1, g2);$

再次配线的频率曲线如图 5-9 所示。

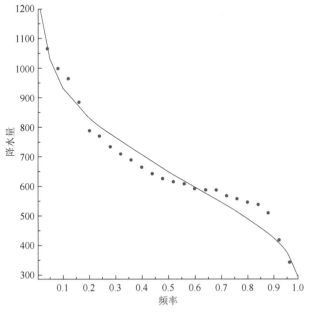

图 5-9 频率曲线图（2）

$Kp2 := [1.89, 1.56, 1.40, 1.23, 0.96, 0.78, 0.66, 0.60, 0.50]$

$$[1.89, 1.56, 1.40, 1.23, 0.96, 0.78, 0.66, 0.60, 0.50]$$

$xp2 := seq(Kp2[i] \cdot X_e, i = 1..9)$

$\quad 1259.488125, 1039.577500, 932.9541666, 819.6668750, 639.7400000,$

$\quad\quad 519.7887500, 439.8212500, 399.8375000, 333.1979166$

$>with(plots):$

$\quad g3 := plot(Vector([P]), Vector([x]), style = point, symbol = asterisk, color$
$\quad\quad = red):$

$\quad g4 := plot(Vector([P]), Vector([xp2]), color = blue):$

$\quad display(g3, g4);$

再次配线的运行结果如图 5-10 所示。

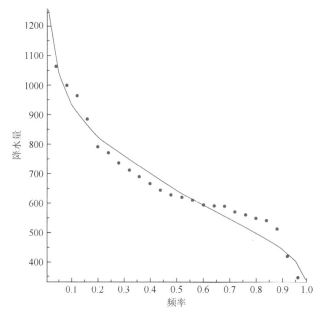

图 5-10　频率曲线图（3）

模型中所使用的函数及其用法说明见表 5-10 和表 5-11。

表 5-10　*seq*( )函数简介（3）

功能	创建表达式组
原型	$seq(f, i = m..n)$
参数	模比系数
返回	一系列数

表 5-11　*plot*( )函数简介（1）

功能	二维绘图
原型	$plot([x(s), y(s), s = s_{min}..s_{max}])$
参数	降雨量、经验概率
返回	二维平面图

程序运行结果如图 5-11 所示。

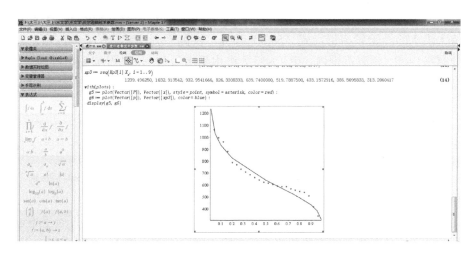

图 5-11　根据降雨量资料用矩法初选参数配线程序运行图

5.5　推求历史特大洪水的洪峰流量

用流量资料推求设计洪水峰及不同时段的设计洪量，可以使用数理统计的方法。

特大洪水是指实测系列和调查到的历史洪水中，比一般洪水大得多的稀遇洪水。特大洪水的处理关键是重现期的确定和经验频率计算。重现期是指随机变量的取值在长时期内平均出现的年份，实测期是指从有实测资料年份至今的时期。在洪水频率的估算中，首先要估算系列的经验频率，估算方法如下（詹道江和叶守泽，2005）。

（1）把实测系列与特大值系列都看作是从总体中独立抽出的两个随机连续样本，各项洪水分别在系列中进行排位，实测系列经验频率按连续系列经验频率公式计算：

$$P_m = \frac{m}{n+1} \tag{5.16}$$

特大洪水系列的经验频率计算公式为

$$P_M = \frac{M}{N+1} \tag{5.17}$$

式中，P_m 为实测系列第 m 项的经验频率；m 为实测系列由大至小排列的序号；n 为实测系列的年数；P_M 为特大洪水第 M 序号的经验频率；M 为特大洪水由大至小排列的序号；N 为自最远的调查考证年份至今的年数。

（2）将实测系列与特大值系列共同组成一个不连续系列，作为代表总体的一个样本，不连续系列各项可在历史调查期 N 年内统一排位。

假设 N 年中有特大洪水 a 项，其中 l 项发生在 n 年实测系列之内，N 年中 a 项特大洪水的经验频率仍用式（5.16）计算，实测系列中其余的 $(n-l)$ 项，则均匀分布在 $1-P_{Ma}$ 频率范围内，P_{Ma} 为特大洪水第末项 $M=a$ 的经验频率，即

$$P_{Ma} = \frac{a}{N+1} \tag{5.18}$$

实测系列第 m 项的经验频率计算公式为

$$P_m = P_{Ma} + (1-P_{Ma})\frac{m-l}{n-l+1} \tag{5.19}$$

在洪水频率计算中，一般采用适线法。适线法估计频率曲线的统计参数分为初步估计参数、用适线法调整初估值以及对比分析三个步骤。

矩法是一种较为简单的经验参数估计方法。用矩法估计参数时，对于不连续系列，假定 $n-l$ 年系列的均值和均方差与除去特大洪水后的 $N-a$ 年系列的相等，即 $\bar{x}_{N-a} = \bar{x}_{n-l}$，$\sigma_{N-a} = \sigma_{n-l}$，可以导出参数计算公式：

$$\bar{x} = \frac{1}{N}\left[\sum_{j=1}^{a} x_j + \frac{N-a}{n-l} \sum_{i=l+1}^{n} x_i \right] \tag{5.20}$$

$$C_v = \frac{1}{\bar{x}}\sqrt{\frac{1}{N-1}\left[\sum_{j=1}^{a}(x_j - \bar{x})^2 + \frac{N-a}{n-l}\sum_{i=l+1}^{n}(x_i - \bar{x})^2 \right]} \tag{5.21}$$

式中，x_j 为特大洪水，$j=1, 2, \cdots, a$；x_i 为一般洪水，$i=l+1, l+2, \cdots, n$。

例 5.5 某河水文站实测洪峰流量资料共 30 年，如表 5-12 所示，历史特大洪水 2 年，历史考证期 102 年，试用矩法初选参数进行配线，推求该水文站 200 年一遇的洪峰流量。

表 5-12 某河水文站洪峰流量经验频率计算表

序号	洪峰流量/(m³/s)
	2520
	2100
1	1400

续表

序号	洪峰流量/(m³/s)
2	1210
3	960
4	920
5	890
6	880
7	790
8	784
9	670
10	650
11	638
12	590
13	520
14	510
15	480
16	470
17	462
18	440
19	386
20	368
21	340
22	322
23	300
24	288
25	262
26	240
27	220
28	200
29	186
30	160

程序流程如图 5-12 所示。

在 Maple 编辑窗中的输入代码和程序响应依次为

计算经验频率:

$x := [1400, 1210, 960, 920, 890, 880, 790, 784, 670, 650, 638, 590, 520, 510, 480,$
$470, 462, 440, 386, 368, 340, 322, 300, 288, 262, 240, 220, 200, 186, 160]$

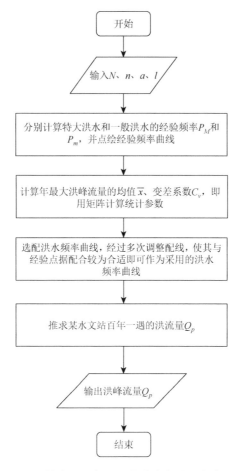

图 5-12   推求 200 年一遇的洪峰流量程序流程图

$[1400, 1210, 960, 920, 890, 880, 790, 784, 670, 650, 638, 590, 520, 510, 480, 470,$
$462, 440, 386, 368, 340, 322, 300, 288, 262, 240, 220, 200, 186, 160]$

$x1 := [2520, 2100]$

$$[2520, 2100]$$

$N := 102$

$$102$$

$n := 30$

$$30$$

$a := 2$

$$2$$

$I := 0$

0

$$Pma := seq\left(\frac{i}{N+1}, i=1..2\right)$$

$$\frac{1}{103}, \frac{2}{103}$$

$evalf(\%)$

0.009708737864, 0.01941747573

$$p1 := seq\left(\frac{i}{n+1}, i=1..30\right)$$

$$\frac{1}{31}, \frac{2}{31}, \frac{3}{31}, \frac{4}{31}, \frac{5}{31}, \frac{6}{31}, \frac{7}{31}, \frac{8}{31}, \frac{9}{31}, \frac{10}{31}, \frac{11}{31}, \frac{12}{31}, \frac{13}{31}, \frac{14}{31}, \frac{15}{31}, \frac{16}{31}, \frac{17}{31}, \frac{18}{31},$$

$$\frac{19}{31}, \frac{20}{31}, \frac{21}{31}, \frac{22}{31}, \frac{23}{31}, \frac{24}{31}, \frac{25}{31}, \frac{26}{31}, \frac{27}{31}, \frac{28}{31}, \frac{29}{31}, \frac{30}{31}$$

$evalf(\%, 3)$

0.0323, 0.0645, 0.0968, 0.129, 0.161, 0.194, 0.226, 0.258, 0.290, 0.323, 0.355,

0.387, 0.419, 0.452, 0.484, 0.516, 0.548, 0.581, 0.613, 0.645, 0.677, 0.710,

0.742, 0.774, 0.806, 0.839, 0.871, 0.903, 0.935, 0.968

$$p2 := seq\left((1-Pma[2])\cdot\left(\frac{i}{n+1}\right), i=1..30\right)$$

$$\frac{101}{3193}, \frac{202}{3193}, \frac{303}{3193}, \frac{404}{3193}, \frac{505}{3193}, \frac{606}{3193}, \frac{707}{3193}, \frac{808}{3193}, \frac{909}{3193}, \frac{1010}{3193}, \frac{1111}{3193}, \frac{1212}{3193},$$

$$\frac{1313}{3193}, \frac{1414}{3193}, \frac{1515}{3193}, \frac{1616}{3193}, \frac{1717}{3193}, \frac{1818}{3193}, \frac{1919}{3193}, \frac{2020}{3193}, \frac{2121}{3193}, \frac{2222}{3193}, \frac{2323}{3193},$$

$$\frac{2424}{3193}, \frac{2525}{3193}, \frac{2626}{3193}, \frac{2727}{3193}, \frac{2828}{3193}, \frac{2929}{3193}, \frac{3030}{3193}$$

$evalf(\%, 3)$

0.0316, 0.0633, 0.0949, 0.127, 0.158, 0.190, 0.221, 0.253, 0.285, 0.316, 0.348,

0.380, 0.411, 0.443, 0.474, 0.506, 0.538, 0.569, 0.601, 0.633, 0.664, 0.696,

0.728, 0.759, 0.791, 0.822, 0.854, 0.886, 0.917, 0.949

$$Pm := seq\left(Pma[2]+\frac{(1-Pma[2])\cdot i}{n+1}, i=1..30\right)$$

$$\frac{163}{3193}, \frac{264}{3193}, \frac{365}{3193}, \frac{466}{3193}, \frac{567}{3193}, \frac{668}{3193}, \frac{769}{3193}, \frac{870}{3193}, \frac{971}{3193}, \frac{1072}{3193}, \frac{1173}{3193}, \frac{1274}{3193},$$

$$\frac{1375}{3193}, \frac{1476}{3193}, \frac{1577}{3193}, \frac{1678}{3193}, \frac{1779}{3193}, \frac{1880}{3193}, \frac{1981}{3193}, \frac{2082}{3193}, \frac{2183}{3193}, \frac{2284}{3193}, \frac{2385}{3193},$$

$$\frac{2486}{3193}, \frac{2587}{3193}, \frac{2688}{3193}, \frac{2789}{3193}, \frac{2890}{3193}, \frac{2991}{3193}, \frac{3092}{3193}$$

evalf(%, 3)

0.0510, 0.0827, 0.114, 0.146, 0.178, 0.209, 0.241, 0.272, 0.304, 0.336, 0.367,
0.399, 0.431, 0.462, 0.494, 0.526, 0.557, 0.589, 0.620, 0.652, 0.684, 0.715,
0.747, 0.779, 0.810, 0.842, 0.873, 0.905, 0.937, 0.968

计算年最大洪峰流量的均值、变差系数：

$$X_e := \frac{1}{N}\left(\sum_{j=1}^{a} x1[j] + \frac{N-a}{n-1}\sum_{i=I+1}^{n} x[i]\right)$$

$$\frac{29870}{51}$$

evalf(%)

$$585.6862745$$

$$C_v := \frac{1}{X_e}\sqrt{\frac{1}{N-1}\left(\sum_{j=1}^{a}(x1[j]-X_e)^2 + \frac{(n-2)}{n-1}\sum_{i=I+1}^{n}(x[i]-X_e)^2\right)}$$

$$\frac{3}{7542175}\sqrt{1592192878930}$$

evalf(%)

$$0.5019061166$$

选配洪水频率曲线。

取 *Cv1* = 0.7, *Cs1* = 3 *Cv1*，查附表得出相应于不同频率 *P* 的 *Kp1* 值，乘以 X_e 算出 *Qp1*。

$p := [0.01, 0.02, 0.05, 0.10, 0.20, 0.50, 0.75, 0.90, 0.95, 0.99]$

　　$[0.01, 0.02, 0.05, 0.10, 0.20, 0.50, 0.75, 0.90, 0.95, 0.99]$

$Kp1 := [3.56, 3.05, 2.40, 1.90, 1.41, 0.78, 0.50, 0.39, 0.36, 0.34]$

　　$[3.56, 3.05, 2.40, 1.90, 1.41, 0.78, 0.50, 0.39, 0.36, 0.34]$

$Qp1 := seq(Kp1[i]\cdot X_e, i=1..10)$

2085.043137, 1786.343137, 1405.647059, 1112.803922, 825.8176471,
456.8352941, 292.8431373, 228.4176471, 210.8470588, 199.1333333

取 *Cv2* = 0.8, *Cs2* = 3.5 *Cv2*，查附表得出相应于不同频率 *P* 的 *Kp2* 值，乘以 X_e 算出 *Qp2*。

$Kp2 := [4.18, 3.49, 2.61, 1.97, 1.37, 0.70, 0.49, 0.44, 0.43, 0.43]$

　　$[4.18, 3.49, 2.61, 1.97, 1.37, 0.70, 0.49, 0.44, 0.43, 0.43]$

$Qp2 := seq(Kp2[i]\cdot X_e, i=1..10)$

2448.168627, 2044.045098, 1528.641176, 1153.801961, 802.3901961,
409.9803922, 286.9862745, 257.7019608, 251.8450980, 251.8450980

> $with(plots)$:

　$g1 := plot(Vector([p1]), Vector([x]), style = point, symbol = asterisk, color$
　　$= green)$:

　$g2 := plot(Vector([Pma]), Vector([x1]), style = point, symbol = circle, color$
　　$= red)$:

　$g3 := plot(Vector([p]), Vector([Qp1]), symbol = asterisk, color = blue)$:

　$g4 := plot(Vector([p]), Vector([Qp2]), symbol = asterisk, color = black)$:

　$display(g1, g2, g3, g4)$:

根据上述程序运算得出的 200 年一遇的洪峰流量如图 5-13 所示。

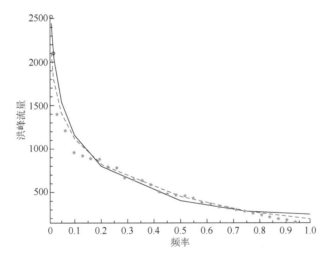

图 5-13　洪水流量图

程序中所使用的函数见表 5-13 和表 5-14。

表 5-13　*seq*( )函数简介（4）

功能	生成序列
原型	seq $(f,\ i = m..n)$
参数	函数 f，自然序数 $i = m..n$
返回	双精度型序列

表 5-14　　*evalf*( )函数简介（2）

功能	将对象转化为浮点数
原型	*evalf*（*expr*）
参数	特大洪水第 $M=a$ 项的经验频率，实测系列第 m 项的经验频率，年最大洪峰流量的均值，变差系数
返回	浮点数

运行程序结果如图 5-14 所示。

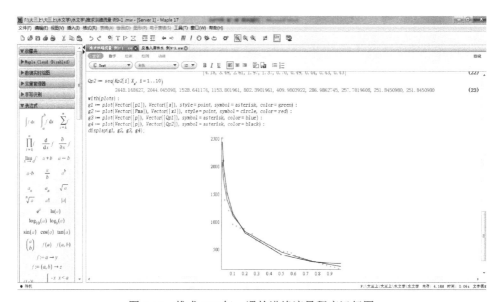

图 5-14　推求 200 年一遇的洪峰流量程序运行图

5.6　河段洪水演算

短期洪水预报包括河段洪水预报和降雨径流预报。河段洪水预报是以河槽洪水波运动理论为基础，由河段上游断面的水位、流量过程预报下游断面的水位和流量过程的。降雨径流预报方法则是按照降雨径流形成过程的原理，利用流域内的降雨资料预报出流域出口断面的洪水过程。

天然河道里的洪水波运动属于不稳定流，洪水波的演进与变形可用于圣维南方程组描述。但是求解这些方程组的过程比较烦琐，因此需要详细的河道地形和糙率资料。水文学上采用的流量演算法是把连续方程简化为河段水量平衡方程，把动力方程简化为槽蓄方程，然后联立求解，将河段的入流过程演算为出流过程。

在无区间入流的情况下，河段流量演算可由以下两个基本公式组成，即

$$\frac{\Delta t}{2}(Q_{\text{上}\cdot 1}+Q_{\text{上}\cdot 2})-\frac{\Delta t}{2}(Q_{\text{下}\cdot 1}+Q_{\text{下}\cdot 2})=S_2-S_1 \tag{5.22}$$

$$S=f(Q) \tag{5.23}$$

式中，$Q_{\text{上}\cdot 1}$、$Q_{\text{上}\cdot 2}$ 为时段始、末上断面的入流量，m^3/s；$Q_{\text{下}\cdot 1}$、$Q_{\text{下}\cdot 2}$ 为时段始、末下断面的出流量，m^3/s；Δt 为计算时间段，h；S_1、S_2 为时段始、末河段蓄水量，$\text{h}\cdot\text{m}^3/\text{s}$。

式（5.22）为河段水量平衡方程，式（5.23）为河段蓄水量与流量间的关系，称为槽蓄方程，按此式制作的关系曲线称为槽蓄曲线。

G.T.麦卡锡于 1938 年提出流量演算法，此法最早在美国马斯京根河流域上使用，因此称为马斯京根法（詹道江和叶守泽，2005）。该法主要是建立马斯京根槽蓄方程，并与水量平衡方程联立求解，进行河段洪水演算。用 S 表示河段内的总蓄量，K 表示稳定流情况下的河段传播时间，马斯京根槽蓄曲线方程的表达式为

$$S=K[xQ_{\text{上}}+(1-x)Q_{\text{下}}]$$

令

$$Q'=xQ_{\text{上}}+(1-x)Q_{\text{下}}$$

Q' 称为示储流量，得

$$S=KQ'$$

通过联解水量平衡方程式和马斯京根槽蓄曲线方程式，可得马斯京根流量演算方程：

$$Q_{\text{下}\cdot 2}=C_0Q_{\text{上}\cdot 2}+C_1Q_{\text{上}\cdot 1}+C_2Q_{\text{下}\cdot 1}$$

其中，

$$\left.\begin{array}{l}C_0=\dfrac{0.5\Delta t-Kx}{K-Kx+0.5\Delta t}\\[2mm]C_1=\dfrac{0.5\Delta t+Kx}{K-Kx+0.5\Delta t}\\[2mm]C_2=\dfrac{K-Kx-0.5\Delta t}{K-Kx+0.5\Delta t}\end{array}\right\}$$

式中，C_0、C_1、C_2 都是 K、x、Δt 的函数。

例 5.6　某河段一次实测洪水资料如表 5-15 所示，用马斯京根法进行河段洪水过程演算。

表 5-15　马斯京根法 S 与 Q' 值计算表

时间（月.日.时）	$Q_{上}$ /(m³/s)	$Q_{下}$ /(m³/s)	$d_{区}$ /(m³/s)
7.1.0	75	75	0
7.1.12	370	80	37
7.2.0	1620	440	73
7.2.22	2210	1680	110
7.3.0	2290	2150	73
7.3.12	1830	2280	37
7.4.0	1220	1680	0
7.4.12	830	1270	0
7.5.0	610	880	0
7.5.12	480	680	0
7.6.0	390	550	0
7.6.12	330	450	0
7.7.0	300	400	0
7.7.12	260	340	0
7.8.0	230	290	0
7.8.12	200	250	0
7.9.0	180	220	0
7.9.12	160	200	0

程序流程如图 5-15 所示。

在 Maple 编辑窗中的输入代码和程序响应依次为

> $Q1 := [75, 370, 1620, 2210, 2290, 1830, 1220, 830, 610, 480, 390, 330, 300, 260, 230, 200, 180, 160]$

$Q1 := [75, 370, 1620, 2210, 2290, 1830, 1220, 830, 610, 480, 390, 330, 300, 260, 230, 200, 180, 160]$

> $Q2 := [75, 80, 440, 1680, 2150, 2280, 1680, 1270, 880, 680, 550, 450, 400, 340, 290, 250, 220, 200]$

$Q2 := [75, 80, 440, 1680, 2150, 2280, 1680, 1270, 880, 680, 550, 450, 400, 340, 290, 250, 220, 200]$

> $q := [0, 37, 73, 110, 73, 37, 0, 0, 0, 0, 0, 0, 0, 0, 0, 0, 0, 0]$

$q := [0, 37, 73, 110, 73, 37, 0, 0, 0, 0, 0, 0, 0, 0, 0, 0, 0, 0]$

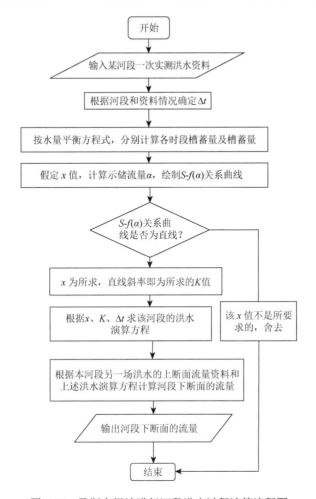

图 5-15　马斯京根法进行河段洪水过程演算流程图

> $\Delta S := [seq(0.5(QI[i] + QI[i+1]) + q[i] + q[i+1] - Q2[i] - Q2[i+1]), i = 1..17)]$

$\Delta S := [163.5, 790.0, 946.5, 426.5, -100.0, -436.5, -450.0, -355.0, -235.0,$
　　$-180.0, -140.0, -110.0, -90.0, -70.0, -55.0, -45.0, -40.0]$

> $S := \left[seq\left(\sum_{i=1}^{k} \Delta S[i], k = 0..17 \right) \right]$

$S := [0, 163.5, 953.5, 1900.0, 2326.5, 2226.5, 1790.0, 1340.0, 985.0, 750.0, 570.0,$
　　$430.0, 320.0, 230.0, 160.0, 105.0, 60.0, 20.0]$

> $Qx1 := [seq(0.2 \cdot QI[i] + 0.8 \cdot Q2[i], i = 1..18)]$

$Qx1 := [75.0, 138.0, 676.0, 1786.0, 2178.0, 2190.0, 1588.0, 1182.0, 826.0, 640.0,$
　　$518.0, 426.0, 380.0, 324.0, 278.0, 240.0, 212.0, 192.0]$

> $Qx2 := [seq(0.3 \cdot Q1[i] + 0.7 \cdot Q2[i], i = 1..18)]$

$Qx2 := [75.0, 167.0, 794.0, 1839.0, 2192.0, 2145.0, 1542.0, 1138.0, 799.0, 620.0,$
$\quad 502.0, 414.0, 370.0, 316.0, 272.0, 235.0, 208.0, 188.0]$

> $with(plots):$

> $g1 := plot(Vector([S]), Vector([Qx1]), style = point, symbol = asterisk, color$
$\quad = red):$

> $g2 := plot(x, x = 1..3000, color = blue):$

> $display(g1, g2)$

由上述程序运行得河段河水上断面流量，如图 5-16 所示。

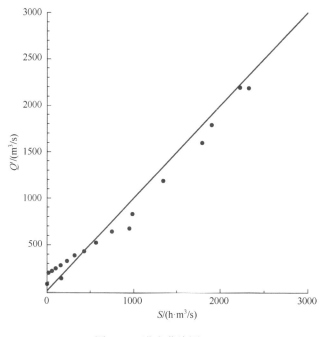

图 5-16　洪水曲线图（1）

> $with(plots):$

> $g3 := plot(Vector([S]), Vector([Qx2]), style = point, symbol = asterisk, color$
$\quad = red):$

> $g4 := plot(x, x = 1..3000, color = blue):$

> $display(g3, g4)$

上述程序运行继而得出河段河水下断面流量，如图 5-17 所示。

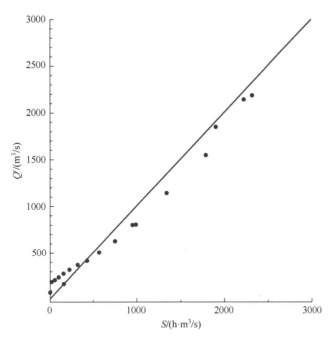

图 5-17　洪水曲线图（2）

$> C0 := (\Delta t, K, x) \rightarrow \dfrac{0.5\Delta t - K \cdot x}{K - K \cdot x + 0.5\Delta t}$

$$C0 := (\Delta t, K, x) \rightarrow \dfrac{0.5\Delta t - K x}{K - K x + 0.5\Delta t}$$

$> C1 := (\Delta t, K, x) \rightarrow \dfrac{0.5\Delta t + K \cdot x}{K - K \cdot x + 0.5\Delta t}$

$$C1 := (\Delta t, K, x) \rightarrow \dfrac{0.5\Delta t + K x}{K - K x + 0.5\Delta t}$$

$> C2 := (\Delta t, K, x) \rightarrow \dfrac{K - 0.5\Delta t - K \cdot x}{K - K \cdot x + 0.5\Delta t}$

$$C2 := (\Delta t, K, x) \rightarrow \dfrac{K + (-1) \cdot 0.5\Delta t - K x}{K - K x + 0.5\Delta t}$$

$> C0(12, 12, 0.2)$

$$0.2307692308$$

$> C1(12, 12, 0.2)$

$$0.5384615385$$

$> C2(12, 12, 0.2)$

$$0.2307692308$$

> $Qf := [250, 310, 500, 1560, 1680, 1360, 1090, 870, 730, 640, 560, 500]$

　$Qf := [250, 310, 500, 1560, 1680, 1360, 1090, 870, 730, 640, 560, 500]$

> $C0Qf2 := [seq(C0(12, 12, 0.2) \cdot Qf[i], i = 2..12)]$

$C0Qf2 := [71.53846155, 115.3846154, 360.0000000, 387.6923077, 313.8461539,$

　$251.5384616, 200.7692308, 168.4615385, 147.6923077, 129.2307692,$

　$115.3846154]$

> $C1Qf1 := [seq(C1(12, 12, 0.2) \cdot Qf[i], i = 1..11)]$

$C1Qf1 := [134.6153846, 166.9230769, 269.2307692, 840.0000001, 904.6153847,$

　$732.3076924, 586.9230770, 468.4615385, 393.0769231, 344.6153846,$

　$301.5384616]$

> $C2Ql1[1] := seq(C2(12, 12, 0.2) \cdot Qf[i], i = 1)$

$C2Ql1_1 := 57.69230770$

> $Ql2[2] := seq(C2(12, 12, 0.2) \cdot Qf[i+1] + C1(12, 12, 0.2) \cdot Qf[i] + C2Ql1[1], i = 1)$

$Ql2_2 := 263.8461539$

> $C2Ql1[2] := seq(C2(12, 12, 0.2) \cdot Ql2[i], i = 2)$

$C2Ql1_2 := 60.88757399$

> $Ql2[3] := seq(C0(12, 12, 0.2) \cdot Qf[i+1] + C1(12, 12, 0.2) \cdot Qf[i] + C2Ql1[2], i = 2)$

$Ql2_3 := 343.1952663$

> $C2Ql1[3] := seq(C2(12, 12, 0.2) \cdot Ql2[i], i = 3)$

$C2Ql1_3 := 79.19890762$

> $Ql2[4] := seq(C0(12, 12, 0.2) \cdot Qf[i+1] + C1(12, 12, 0.2) \cdot Qf[i] + C2Ql1[3], i = 3)$

$Ql2_4 := 708.4296768$

> $C2Ql1[4] := seq(C2(12, 12, 0.2) \cdot Ql2[i], i = 4)$

$C2Ql1_4 := 163.4837716$

> $Ql2[5] := seq(C0(12, 12, 0.2) \cdot Qf[i+1] + C1(12, 12, 0.2) \cdot Qf[i] + C2Ql1[4], i = 4)$

$Ql2_5 := 1391.176080$

> $C2Ql1[5] := seq(C2(12, 12, 0.2) \cdot Ql2[i], i = 5)$

$C2Ql1_5 := 321.0406339$

> $Ql2[6] := seq(C0(12, 12, 0.2) \cdot Qf[i+1] + C1(12, 12, 0.2) \cdot Qf[i] + C2Ql1[5], i = 5)$

$Ql2_6 := 1539.502173$

>

$C2Ql1_6 := 355.2697323$

> $Ql2[7] := seq(C0(12, 12, 0.2) \cdot Qf[i+1] + C1(12, 12, 0.2) \cdot Qf[i] + C2Ql1[6], i = 6)$

$$Ql2_7 := 1339.115886$$

$> C2Ql1[7] := seq(C2(12, 12, 0.2) \cdot Ql2[i], i = 7)$

$$C2Ql1_7 := 309.0267430$$

$> Ql2[8] := seq(C0(12, 12, 0.2) \cdot Qf[i+1] + C1(12, 12, 0.2) \cdot Qf[i] + C2Ql1[7], i = 7)$

$$Ql2_8 := 1096.719051$$

$> C2Ql1[8] := seq(C2(12, 12, 0.2) \cdot Ql2[i], i = 8)$

$$C2Ql1_8 := 253.0890118$$

$> Ql2[9] := seq(C0(12, 12, 0.2) \cdot Qf[i+1] + C1(12, 12, 0.2) \cdot Qf[i] + C2Ql1[8], i = 8)$

$$Ql2_9 := 890.0120888$$

$> C2Ql1[9] := seq(C2(12, 12, 0.2) \cdot Ql2[i], i = 9)$

$$C2Ql1_9 := 205.3874051$$

$> Ql2[10] := seq(C0(12, 12, 0.2) \cdot Qf[i+1] + C1(12, 12, 0.2) \cdot Qf[i] + C2Ql1[9], i = 9)$

$$Ql2_{10} := 746.1566359$$

$> C2Ql1[10] := seq(C2(12, 12, 0.2) \cdot Ql2[i], i = 10)$

$$C2Ql1_{10} := 172.1899929$$

$> Ql2[11] := seq(C0(12, 12, 0.2) \cdot Qf[i+1] + C1(12, 12, 0.2) \cdot Qf[i] + C2Ql1[10], i = 10)$

$$Ql2_{11} := 646.0361467$$

$> C2Ql1[11] := seq(C2(12, 12, 0.2) \cdot Ql2[i], i = 11)$

$$C2Ql1_{11} := 149.0852646$$

$> Ql2[12] := seq(C0(12, 12, 0.2) \cdot Qf[i+1] + C1(12, 12, 0.2) \cdot Qf[i] + C2Ql1[11], i = 11)$

$$Ql2_{12} := 566.0083416$$

程序中所使用的函数见表 5-16～表 5-18。

表 5-16　*seq*( )函数简介（5）

功能	生成数列
原型	$seq\ (f,\ i = m..n)$
参数	该河段实测数据及计算数据
返回	ΔS、S、$Qx1$、$Qx2$、$C0Qf2$、$C1Qf1$、$C2Ql1$、$Ql2$ 生成的数列

表 5-17　*plot*( )函数简介（2）

功能	从 x_{min} 到 x_{max} 绘出 $f(x)$ 的函数图
原型	$plot(f(x),\ x = x_{min} \cdots x_{max})$
参数	S、$Qx1$、$Qx2$
返回	$S\text{-}f(Q')$ 关系曲线

表 5-18　*display*( )函数简介

功能	同时显示 A、B 图像
原型	$display$（A，B）
参数	$g1$、$g2$、$g3$、$g4$
返回	$g1$、$g2$、$g3$、$g4$ 的图像

程序运行结果如图 5-18 所示。

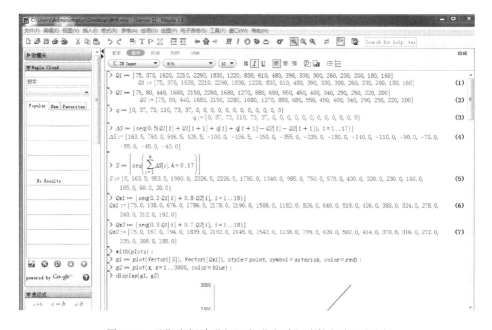

图 5-18　马斯京根法进行河段洪水过程演算程序运行图

5.7　水量平衡法推求入库洪水

入库洪水设计一般以坝址设计洪水为依据。入库洪水由三部分组成：一是水库回水末端干支流河道断面的洪水；二是上述干支流河道断面以下到水库周边的区间路面所产生的洪水；三是水库库面的降水量。

建库前，水库的入库洪水不能直接测得，一般根据水库特点、资料条件，采用不同的方法分析计算。根据资料不同，可分为由流量资料推求入库洪水和由雨量资料推求入库洪水两种类型。由流量资料推求入库洪水又可分为流量叠加法、马斯京根法、槽蓄曲线法、水量平衡法等方法。以下主要介绍水量平衡法。

水库建成后，可以坝前水库水位、库容曲线和出库流量等资料用水量平衡法推求入库洪水。计算式为

$$\bar{I} = \bar{O} + \frac{\Delta V_{损}}{\Delta t} + \frac{\Delta V}{\Delta t}$$

式中，$\bar{I}$ 为时段平均入库流量；$\bar{O}$ 为时段平均出库流量；$\Delta V_{损}$ 为水库损失水量；ΔV 为时段始末水库蓄水量变化值；Δt 为计算时段。

平均出库流量包括：溢洪道流量、泄洪洞流量以及发电流量等，也可采用坝下游实测流量资料作为出库流量。

水库损失水量包括：水库的水面蒸发和枢纽、库区渗漏损失等。一般情况下，在洪水期间，此项数值不大，可忽略不计。

水库蓄水量变化值，一般可用时段始末的坝前水位和静库容曲线确定，如动库容较大，对推算洪水有显著影响，宜改用动库容曲线推算。

例 5.7　坝前水位、库容曲线和出库流量等资料如表 5-19 所示，用水量平衡法推求入库洪水。

表 5-19　水量平衡法反推入库洪水

时间（月.日.时）	坝前水位/m	$V_{静}$ /m³
7.24.12	243.22	3276.0
7.24.14	243.29	3296.7
7.24.16	243.36	3317.5
7.24.18	243.43	3338.2
7.24.20	243.60	3388.6
7.24.22	244.25	3581.2
7.25.0	245.00	3803.5
7.25.2	245.56	4030.2
7.25.4	246.20	4289.3
7.25.6	246.86	4556.5
7.25.8	247.46	4799.4

时间（月.日.时）	坝前水位/m	$V_{静}$ /m³
7.25.10	248.08	5050.4
7.25.12	248.31	5143.5
7.25.14	248.30	5139.4
7.25.16	248.31	5143.5

程序流程如图 5-19 所示。

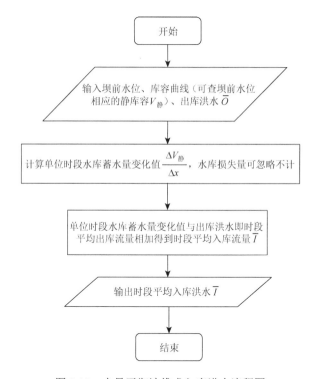

图 5-19　水量平衡法推求入库洪水流程图

在 Maple 编辑窗中的输入代码和程序响应依次为

$>V_i:=$[3276.0, 3296.7, 3317.5, 3338.2, 3388.6, 3581.2, 3803.5, 4030.2, 4289.3, 4556.5, 4799.4, 5050.4, 5143.5, 5139.4, 5143.5]

[3276.0, 3296.7, 3317.5, 3338.2, 3388.6, 3581.2, 3803.5, 4030.2, 4289.3, 4556.5, 4799.4, 5050.4, 5143.5, 5139.4, 5143.5]

$V_i:=[V1, V2, V3, V4, V5, V6, V7, V8, V9, V10, V11, V12, V13, V14, V15]$

$$[V1, V2, V3, V4, V5, V6, V7, V8, V9, V10, V11, V12, V13, V14, V15]$$

for t from 2 to 15 do $\Delta v_i[t] := V_i[t] - V_i[t-1]$od

$$20.7$$
$$20.8$$
$$20.7$$
$$50.4$$
$$192.6$$
$$222.3$$
$$226.7$$
$$259.1$$
$$267.2$$
$$242.9$$
$$251.0$$
$$93.1$$
$$-4.1$$
$$4.1$$

$$\Delta t := \frac{7200.0}{10000.0}$$

$$0.7200000000$$

$$x := V \rightarrow \frac{V}{0.72000}$$

$$V \rightarrow \frac{V}{0.72000}$$

$map(x, [20.7, 20.8, 20.7, 50.4, 192.6, 222.3, 226.7, 259.1, 267.2, 242.9, 251.0, 93.1, -4.1, 4.1])$

$[28.75000000, 28.88888889, 28.75000000, 70.00000000, 267.5000000, 308.7500000, 314.8611111, 359.8611111, 371.1111111, 337.3611111, 348.6111111, 129.3055556, -5.694444444, 5.694444444]$

$x_t := [28.75000000, 28.88888889, 28.75000000, 70.00000000, 267.5000000, 308.7500000, 314.8611111, 359.8611111, 371.1111111, 337.3611111, 348.6111111, 129.3055556, -5.694444444, 5.694444444]$

$[28.75000000, 28.88888889, 28.75000000, 70.00000000, 267.5000000, 308.7500000, 314.8611111, 359.8611111, 371.1111111, 337.3611111, 348.6111111, 129.3055556, -5.694444444, 5.694444444]$

$S_t := [113, 119, 126, 133, 200, 296, 419, 603, 812, 1075, 1320, 1460, 1502, 1498]$

$[113, 119, 126, 133, 200, 296, 419, 603, 812, 1075, 1320, 1460, 1502, 1498]$

$x_t + S_t$

[141.7500000, 147.8888889, 154.7500000, 203.0000000, 467.5000000,
604.7500000, 733.8611111, 962.8611111, 1183.111111, 1412.361111,
1668.611111, 1589.305556, 1496.305556, 1503.694444]

程序中所使用的函数见表 5-20。

表 5-20　*map*( )函数简介

功能	将指定过程作用于表达式中的所有项
原型	$map(f, [a, b, c...])$
参数	时段始末水库蓄水量变化值 $\Delta V_静$
返回	双精度型列表

运行程序结果如图 5-20 所示。

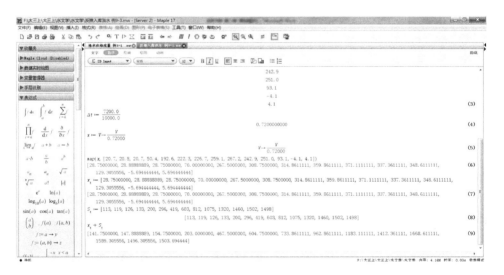

图 5-20　水量平衡法推求入库洪水程序运行图

第6章 水污染及水质模型

6.1 水质模型概述

环境水文学是水文科学与环境保护科学相结合的新学科，可归类为水文学。天然的水不是化学意义上的纯水，而是由许多溶解性物质和非溶解性物质所组成的极其复杂的综合物质。当各种水源进入河流水体后，成为均匀的和非均匀的混合状态，直接影响水体的物理特性、化学特性和生物特性。

为了更合理地利用河流，必须要了解在人类活动影响下，水质变化的规律和趋势，确定排放污染物的数量，对不同的治理方案的经济性和有效性进行比较，制定环境标准和污染排放标准等，水质数学模型为上述目的实现提供了有力的工具。

河流水质数学模型将一个复杂的河流系统转化成一组适当的数学方程进行数学模拟，用数学的语言和方法描述河流水体污染过程中的物理、化学、生物及生态各方面的内在规律和相互关系。本章将采用 Maple 语言编程的方式，对几种河流水质模型的演算和制图进行介绍，一方面使学生达到熟悉和掌握 Maple 这一数学演算工具的目的，另一方面使学生了解几种著名的河流水质 BOD-DO 模型，从而为以后更加深入的研究打下基础（沈晋等，1992）。

6.2 河流水质 BOD-DO 模型

水质模型的分类方法有许多。从模拟对象来说，可分为溶解氧（DO）模型、生化需氧量（BOD）模型、重金属模型、放射性模型等。溶解在水中的氧，称为溶解氧（DO）。当有机物进入水体后，由于微生物的作用，会在水中进行氧化分解，消耗水中溶解氧的量，称为生化需氧量（BOD）。生化需氧量和溶解氧是两个重要的水质指标，在建立有机物质的水质模型中，往往以这两个指标为依据。以下将对常见的几种河流水质 BOD-DO 模型进行演算。

6.2.1 斯特里特-菲尔普斯 BOD-DO 模型

1925 年，斯特里特与菲尔普斯（Streeter-Phelps）首先提出描述 BOD-DO 相互关系的河流水质模型。他们认为 BOD 降解属于一级反应，即有机物氧化随时间减少的速率与 BOD 的浓度成正比；而水中 DO 的减少是 BOD 降解造成的，而且与 BOD 有相同的速率；复氧的速度与氧亏（Q_s-Q）成正比，从而给出 S-P 模型的形式：

$$\frac{\partial L}{\partial t}+u\frac{\partial L}{\partial x}=E\frac{\partial^2 L}{\partial x^2}-K_1 L$$

$$\frac{\partial Q}{\partial t}+u\frac{\partial Q}{\partial t}=E\frac{\partial^2 Q}{\partial x^2}-K_1 L+K_2(Q_s-Q) \tag{6.1}$$

式中，L 为 BOD 浓度；Q 为 DO 浓度；Q_s 为饱和氧浓度；K_1 为 BOD 耗氧系数，d^{-1}；K_2 为复氧系数，d^{-1}；E 为河流弥散系数，km^2/d。

稳态时，$\frac{\partial L}{\partial t}=0$，$\frac{\partial Q}{\partial t}=0$，此时 S-P 模型微分表达式为

$$\begin{cases} BOD: u\frac{\partial L}{\partial x}=E\frac{\partial^2 L}{\partial x^2}-K_1 L \\ DO: u\frac{\partial Q}{\partial x}=E\frac{\partial^2 Q}{\partial x^2}-K_1 L+K_2(Q_s-Q) \end{cases} \tag{6.2}$$

在 $L(x=0)=L_0$，$Q(x=0)=Q_0$ 的初值条件下，通过推导可求积分解如下：

1）考虑弥散作用 E 时

$$L=L_0 e^{-\beta_1 x} \tag{6.3}$$

$$Q=Q_s-(Q_s-Q_0)e^{\beta_2 x}+\frac{K_1 L_0}{K_1-K_2}(e^{\beta_1 x}-e^{\beta_2 x}) \tag{6.4}$$

其中，

$$\beta_1=\frac{\mu}{2E}\left(1-\sqrt{1+\frac{4EK_1}{\mu^2}}\right) \tag{6.5}$$

$$\beta_2=\frac{\mu}{2E}\left(1-\sqrt{1+\frac{4EK_2}{\mu^2}}\right) \tag{6.6}$$

2）忽略弥散作用时

$$L=L_0 e^{-K_1 x/u} \tag{6.7}$$

$$Q=Q_s-(Q_s-Q_0)e^{-K_2 x/u}+\frac{K_1 L_0}{K_1-K_2}(e^{-K_1 x/u}-e^{-K_2 x/u}) \tag{6.8}$$

$$D=D_0 e^{-K_2 x/u}-\frac{K_1 L_0}{K_1-K_2}(e^{-K_1 x/u}-e^{-K_2 x/u}) \tag{6.9}$$

式中，L、L_0 为 $x=x$、$x=0$ 处河水 BOD 浓度，mg/L；Q、Q_0 为 $x=x$、$x=0$ 处河水 DO 浓度，mg/L；x 为离排污口（$x=0$）的河水流动距离，km；u 为河水平均流速，km/d。

因此，分两种情况分别在 Maple 中编辑程序计算：

1）考虑弥散作用 E 时

模型的流程如图 6-1 所示。

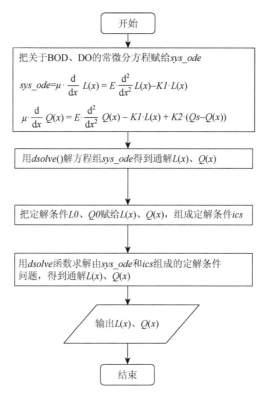

图 6-1　考虑弥散作用 E 时的斯特里特-菲尔普斯 BOD-DO 模型流程图

模型中所使用的函数见表 6-1。

表 6-1　*dsolve*( )函数简介

功能	解常微分方程
原型	*dsolve*( )
参数	关于 BOD、DO 的常微分方程 *sys_ode*
返回	L、Q

在 Maple 编辑窗中的输入和程序响应依次为

$$> sys\_ode = \mu \frac{\mathrm{d}}{\mathrm{d}x} L(x) = E \cdot \frac{\mathrm{d}^2}{\mathrm{d}x^2} L(x) - K1 \cdot L(x), \mu \frac{\mathrm{d}}{\mathrm{d}x} Q(x) = E \frac{\mathrm{d}^2}{\mathrm{d}x^2} Q(x) - K1 \cdot L(x) +$$

$$K2 \cdot (Qs - Q(x))$$

$$\mu\left(\frac{\mathrm{d}}{\mathrm{d}x}Q(x)\right) = E\left(\frac{\mathrm{d}^2}{\mathrm{d}x^2}L(x)\right) - K1L(x), \quad \mu\left(\frac{\mathrm{d}}{\mathrm{d}x}Q(x)\right) = E\left(\frac{\mathrm{d}^2}{\mathrm{d}x^2}Q(x)\right) - K1L(x) +$$
$$K2(Qs - Q(x))$$

> $dsolve([sys\_ode])$

$$\left\{ L(x) = \_C3\mathrm{e}^{\frac{1}{2}\frac{\left(\mu+\sqrt{4EK1+\mu^2}\right)x}{E}} + \_C4\mathrm{e}^{-\frac{1}{2}\frac{\left(-\mu+\sqrt{4EK1+\mu^2}\right)x}{E}}, \quad Q(x) = -\left(8E^2K2\left(2K1\sqrt{4EK2+\mu^2}\right.\right.\right.$$

$$\left.-2K2\sqrt{4EK1+\mu^2}\right)\_C1\mathrm{e}^{-\frac{1}{2}\frac{\left(-\mu+\sqrt{4EK1+\mu^2}\right)x}{E}}\right)\Big/$$

$$\left(\sqrt{4EK2+\mu^2}\left(\sqrt{4EK2+\mu^2}+\sqrt{4EK1+\mu^2}\right)\left(\sqrt{4EK2+\mu^2}\right.\right.$$

$$\left.\left.-\sqrt{4EK1+\mu^2}\right)\left(\mu+\sqrt{4EK2+\mu^2}\right)\left(-\mu+\sqrt{4EK2+\mu^2}\right)\right)$$

$$-\left(8E^2K2\left(2K1\sqrt{4EK2+\mu^2}-2K2\sqrt{4EK2+\mu^2}\right)\_C2\mathrm{e}^{\frac{1}{2}\frac{\left(\mu+\sqrt{4EK2+\mu^2}\right)x}{E}}\right)$$

$$\Big/\left(\sqrt{4EK2+\mu^2}\left(\sqrt{4EK2+\mu^2}+\sqrt{4EK1+\mu^2}\right)\left(\sqrt{4EK2+\mu^2}-\sqrt{4EK1+\mu^2}\right)\right.$$

$$\left.\left(\mu+\sqrt{4EK2+\mu^2}\right)\left(-\mu+\sqrt{4EK2+\mu^2}\right)\right)\right\}$$

> $ics = L(0) = L0, \quad Q(0) = Q0$

$L(0) = L0, \quad Q(0) = Q0$

$dsolve([sys\_ode,ics])$

$$\{ L(x) = (-\_C4 + L0)\mathrm{e}^{\frac{1}{2}\frac{(\mu+\sqrt{4EK1+\mu^2})x}{E}} + \_C4\mathrm{e}^{-\frac{1}{2}\frac{(-\mu+\sqrt{4EK1+\mu^2})x}{E}},$$

$$Q(x) = (8E^2K2(2K1\sqrt{4EK2+\mu^2}-2K2\sqrt{4EK2+\mu^2})$$

$$(K1L0 - K1Q0 + K1Qs + K1\_C2 + K2Q0$$

$$-K2Q0 - K2Qs - K2\_C2)\mathrm{e}^{-\frac{1}{2}\frac{(-\mu+\sqrt{4EK1+\mu^2})x}{E}})\Big/$$

$$(\sqrt{4EK2+\mu^2}(\sqrt{4EK2+\mu^2}+\sqrt{4EK1+\mu^2})(\sqrt{4EK2+\mu^2}$$

$$-\sqrt{4EK1+\mu^2})(\mu+\sqrt{4EK2+\mu^2})(-\mu+\sqrt{4EK2+\mu^2})(K1-K2))$$

$$-(8E^2K2(2K1\sqrt{4EK2+\mu^2}-2K2\sqrt{4EK2+\mu^2})\_C2\mathrm{e}^{\frac{1}{2}\frac{(\mu+\sqrt{4EK1+\mu^2})x}{E}}$$

$$+\sqrt{4EK2+\mu^2})-(16E^2K2\mathrm{e}^{-\frac{1}{2}\frac{(-\mu+\sqrt{4EK1+\mu^2})x}{E}}K1\_C4)/$$

$$((\sqrt{4EK2+\mu^2}+\sqrt{4EK1+\mu^2})(\sqrt{4EK2+\mu^2}-\sqrt{4EK1+\mu^2})(\mu$$

$$+\sqrt{4EK2+\mu^2})(-\mu+\sqrt{4EK2+\mu^2}))$$

$$-(16E^2K2\mathrm{e}^{\frac{1}{2}\frac{(\mu+\sqrt{4EK1+\mu^2})x}{E}}K1(-\_C4+L0))/((\sqrt{4EK2+\mu^2}+\sqrt{4EK1+\mu^2})$$

$$(\mu+\sqrt{4EK2+\mu^2}))-(8E^2K2(2K1\sqrt{4EK2+\mu^2}$$

$$-2K2\sqrt{4EK2+\mu^2})Qs)/(\sqrt{4EK2+\mu^2}(\sqrt{4EK2+\mu^2}$$

$$+\sqrt{4EK1+\mu^2})(\sqrt{4EK2+\mu^2}-\sqrt{4EK1+\mu^2})(\mu+\sqrt{4EK2+\mu^2})(-\mu+\sqrt{4EK1+\mu^2}))\}$$

运行效果如图 6-2 所示。

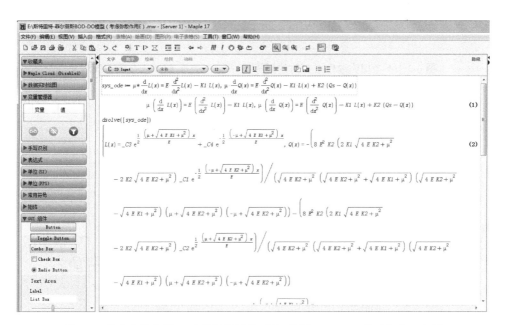

图 6-2　考虑弥散作用 E 时的斯特里特–菲尔普斯 BOD-DO 模型程序运行图

2）不考虑弥散作用 E 时

系统的流程如图 6-3 所示。

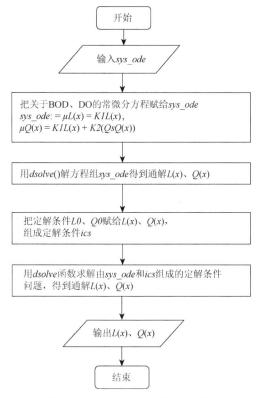

图 6-3　不考虑弥散作用 E 时的斯特里特-菲尔普斯 BOD-DO 模型流程图

在 Maple 编辑窗中的输入和程序响应依次为
>

$$\mu\left(\frac{\mathrm{d}}{\mathrm{d}x}L(x)\right)=K1\,L(x),\mu\left(\frac{\mathrm{d}}{\mathrm{d}x}Q(x)\right)=K1\,L(x)+K2(Qs-Q(x))$$

> $dsolve([sys\_ode])$

$$\left\{L(x)=\_C2\mathrm{e}^{\frac{K1x}{\mu}},Q(x)\right.$$

$$=\frac{K1\_C2\mathrm{e}^{-\frac{K2x}{\mu}+\frac{x(K1+K2)}{\mu}}+\mathrm{e}^{-\frac{K2x}{\mu}}\_C1K1+\mathrm{e}^{-\frac{K2x}{\mu}}\_C1K2+QsK1+K2Qs}{K2+K1}\right\}$$

> $ics:=L(0)=L0,Q(0)=Q0$

$$L(0)=L0,Q(0)=Q0$$

$dsolve([sys\_ode,ics])$

$$\left\{L(x)=L0\mathrm{e}^{\frac{K1x}{\mu}},Q(x)=\frac{1}{K2+K1}\left(K1L0\mathrm{e}^{-\frac{K2x}{\mu}+\frac{x(K1+K2)}{\mu}}\right.\right.$$

$$-\frac{\mathrm{e}^{\frac{K2x}{\mu}}(K1L0-K1Q0+K1Qs-K2Q0+K2Qs)K1}{K2+K1}$$

$$\left.-\frac{\mathrm{e}^{\frac{K2x}{\mu}}(K1L0-K1Q0+K1Qs-K2Q0+K2Qs)K2}{K2+K1}+QsK1+K2Qs\right\}$$

运行结果如图 6-4 所示。

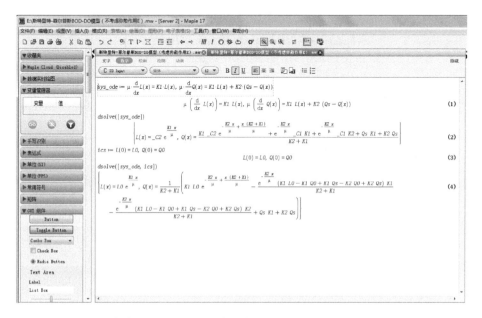

图 6-4　不考虑弥散作用 E 时的斯特里特-菲尔普斯 BOD-DO 模型程序运行图

6.2.2　托马斯 BOD-DO 模型

对于一维稳态河流,在 *S-P* 模型的基础上增加一项因悬浮物的沉淀和上浮所引起的 BOD 速率变化 K_3L_0,即为托马斯的修正模型。其形式如下:

$$\begin{cases} u\dfrac{\partial L}{\partial t}=-(K_1+K_3)L \\ u\dfrac{\partial Q}{\partial t}=-K_1L+K_2(Q_s-Q) \end{cases} \tag{6.10}$$

式中,K_3 为沉浮系数,d^{-1},其值可正可负。

系统流程如图 6-5 所示。

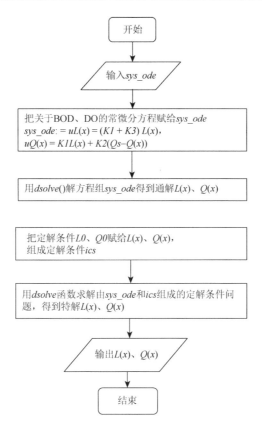

图 6-5　托马斯 BOD-DO 模型流程图

在 Maple 编辑窗中的命令和程序响应为

$> sys\_ode = u \cdot \dfrac{\mathrm{d}}{\mathrm{d}x}L(x) = -(K1+K3) \cdot L(x), u \cdot \dfrac{\mathrm{d}}{\mathrm{d}x}Q(x)$

$\qquad = -K1 \cdot L(x) + K2 \cdot (Qs - Q(x))$,

$u\left(\dfrac{\mathrm{d}}{\mathrm{d}x}L(x)\right) = -(K1+K3)L(x), u\left(\dfrac{\mathrm{d}}{\mathrm{d}x}Q(x)\right) = -K1L(x) + K2(Qs - Q(x))$

$ics = L(0) = L0, Q(0) = Q0$

$$L(0) = L0, Q(0) = Q0$$

$dsolve([sys\_ode, ics])$

$$\{L(x) = L0\mathrm{e}^{\frac{-(K1+K3)x}{u}}, Q(x) = \frac{1}{-K2+K1+K3}(K1L0\mathrm{e}^{-\frac{K2x}{u}\frac{x(-K2+K2+K3)}{u}}$$

$$-\frac{\mathrm{e}^{-\frac{K2x}{u}}(K1L0 - K1Q0 + K1Qs + K2Q0 - K2Q0 - K3Q0 + K3Qs)K1}{-K2+K1+K3}$$

$$+\frac{e^{\frac{K2x}{u}}(K1L0-K1Q0+K1Qs+K2Q0-K2Qs-K3Q0+K3Qs)K2}{-K2+K1+K3}$$

$$-\frac{e^{\frac{K2x}{u}}(K1L0-K1Q0+K1Qs+K2Q0-K2Qs-K3Q0+K3Qs)K3}{-K2+K1+K3}$$

$$+QsK1-K2Qs+QsK3)\}$$

运行效果如图 6-6 所示。

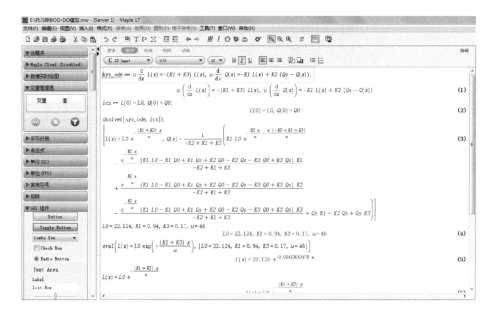

图 6-6　托马斯 BOD-DO 模型程序运行图

6.2.3　多宾斯 BOD-DO 模型

多宾斯对一维稳态河流，在托马斯模型的基础上，考虑河流底泥耗氧和藻类光合作用增氧的影响，为方便起见，以光合速率系数 K_4 表示，模型的简化形式为

$$\begin{cases} u\dfrac{\partial L}{\partial x}=-(K_1+K_3)L \\ u\dfrac{\partial Q}{\partial x}=-K_1L+K_2(Q_s-Q)+K_4 \end{cases} \tag{6.11}$$

式中，K_4 为光合作用产氧速率系数，mg/（L·d）。

程序流程如图 6-7 所示。

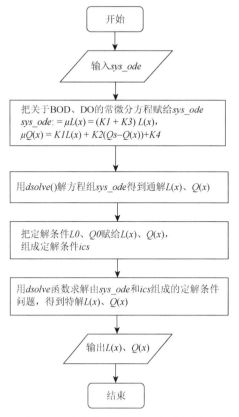

图 6-7 多宾斯 BOD-DO 模型流程图

在 Maple 编辑窗中的命令和程序响应为

$$> sys\_ode = u \cdot \frac{\mathrm{d}}{\mathrm{d}x} L(x) = -(K1 + K3) \cdot L(x),$$

$$u \cdot \frac{\mathrm{d}}{\mathrm{d}x} Q(x) = -K1 \cdot L(x) + K2 \cdot (Qs - Q(x)) + K4$$

$$u\left(\frac{\mathrm{d}}{\mathrm{d}x} L(x)\right) = -(K1 + K3)L(x), u\left(\frac{\mathrm{d}}{\mathrm{d}x} Q(x)\right) = -K1L(x) + K2(Qs - Q(x)) + K4$$

$dsolve([sys\_ode])$

$$\left\{ L(x) = \_C2\mathrm{e}^{\frac{-(K1+K3)x}{u}}, Q(x) = \frac{(K1K2 - K2^2 + K2K3)\_C1\mathrm{e}^{\frac{-K2x}{u}}}{(-K2 + K1 + K3)K2} \right.$$

$$\left. + \frac{K1\mathrm{e}^{\frac{(K1+K3)x}{u}}\_C2}{-K2 + K1 + K3} + \frac{(K1K2 - K2^2 + K2K3)Qs}{(-K2 + K1 + K3)K2} + \frac{K4}{K2} \right\}$$

$ics = L(0) = L0, Q(0) = Q0;$

$$L(0) = L0, Q(0) = Q0$$

$dsolve([sys\_ode, ics])$

$$
\left\{
\begin{aligned}
&L(x) = L0\mathrm{e}^{-\frac{(K1+K3)x}{u}}, Q(x) = -\frac{1}{(-K2+K1+K3)^2 K2^2}\Big((K1K2 - K2^2 \\
&+ K2K3)(K1K2L0 - K1K2Q0 + K1K2Qs + K2^2Q0 - K2^2Qs - K2K3Q0 \\
&+ K2K3Qs + K1K4 - K2K4 + K3K4)\mathrm{e}^{-\frac{K2x}{u}}\Big) \\
&+ \frac{K1\mathrm{e}^{-\frac{(K1+K3)x}{u}}L0}{-K2+K1+K3} + \frac{(K1K2 - K2^2 + K2K3)Qs}{(-K2+K1+K3)K2} + \frac{K4}{K2}
\end{aligned}
\right\}
$$

运行结果如图 6-8 所示。

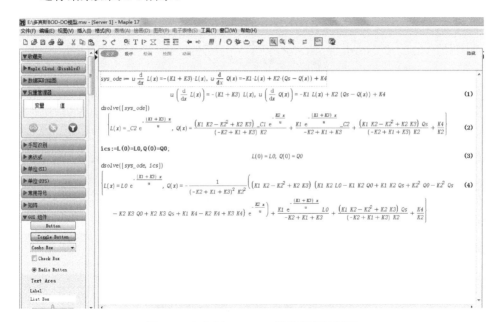

图 6-8 多宾斯 BOD-DO 模型程序运行图

6.2.4 奥康纳 BOD-DO 模型

如前所述，有机物在河流中通过微生物作用进行氧化分解的过程分为两个阶段。第一阶段称为碳化阶段，此阶段消耗的氧称为碳化需氧量（CBOD），耗氧系数由 K_1 表示；第二阶段称为硝化阶段，此阶段所消耗的氧称为氮化需氧量（NBOD），耗氧系数由 K_n 表示。奥康纳在托马斯模型的基础上，除考虑 CBOD 外，还考虑 NBOD 的耗氧作用，提出的模型如下：

$$\begin{cases} u\dfrac{\partial L_c}{\partial x} = -(K_1 + K_3)L_c \\[2mm] u\dfrac{\partial L_n}{\partial x} = -K_N L_N \\[2mm] u\dfrac{\partial Q}{\partial x} = -K_1 L_c + K_N L_N + K_2(Q_s - Q) \end{cases} \quad (6.12)$$

式中，L_c 为碳化需氧量（CBOD），mg/L；L_n 为氮化需氧量（NBOD），mg/L；K_n 为 NBOD 耗氧系数。

系统的流程如图 6-9 所示。

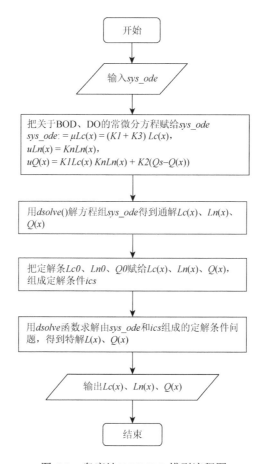

图 6-9　奥康纳 BOD-DO 模型流程图

在 Maple 编辑窗中的命令和程序响应为

$$> sys\_ode = u \cdot \frac{\mathrm{d}}{\mathrm{d}x}Lc(x) = -(K1+K3) \cdot Lc(x), u \cdot \frac{\mathrm{d}}{\mathrm{d}x}Ln(x) = -Kn \cdot Ln(x),$$

$$u \cdot \frac{\mathrm{d}}{\mathrm{d}x}Q(x) = -K1 \cdot Lc(x) - Kn \cdot Ln(x) + K2 \cdot (Qs - Q(x))$$

$$u\left(\frac{\mathrm{d}}{\mathrm{d}x}Lc(x)\right) = -(K1+K3)Lc(x), u\left(\frac{\mathrm{d}}{\mathrm{d}x}Ln(x)\right) = -KnLn(x), u\left(\frac{\mathrm{d}}{\mathrm{d}x}Q(x)\right) =$$
$$-K1Lc(x) - KnLn(x) + K2(Qs - Q(x))$$

$dsolve([sys\_ode)$

$$\left\{ Lc(x) = \_C3\mathrm{e}^{-\frac{(K1+K3)x}{u}}, Ln(x) = \_C2\mathrm{e}^{-\frac{Knx}{u}}, \right.$$

$$\left. Q(x) = \left(\frac{-\dfrac{Kn\_C2\mathrm{e}^{\frac{K2x}{u}-\frac{Knx}{u}}}{\dfrac{K2}{u}-\dfrac{Kn}{u}} + \dfrac{K1\_C3\mathrm{e}^{\frac{K2x}{u}-\frac{xK1}{u}-\frac{xK3}{u}}}{\dfrac{K2}{u}-\dfrac{K1}{u}-\dfrac{K3}{u}} - Qsu\mathrm{e}^{\frac{K2x}{u}}}{u} + \_C1 \right) \mathrm{e}^{-\frac{K2x}{u}} \right\}$$

$ics = Lc(0) = Lc0, \quad Ln(0) = Ln0, \quad Q(0) = Q0$

$$Lc(0) = Lc0, \quad Ln(0) = Ln0, \quad Q(0) = Q0$$

$dsolve([sys\_ode, ics])$

$$\{ Lc(x) = Lc0\mathrm{e}^{-\frac{(K1+K3)x}{u}}, \quad Ln(x) = Ln0\mathrm{e}^{-\frac{Knx}{u}},$$

$$Q(x) = \left(\frac{-\dfrac{Kn\_Ln0\,\mathrm{e}^{\frac{K2x}{u}-\frac{Knx}{u}}}{\dfrac{K2}{u}-\dfrac{Kn}{u}} + \dfrac{K1\_Lc0\,\mathrm{e}^{\frac{K2x}{u}-\frac{xK1}{u}-\frac{xK3}{u}}}{\dfrac{K2}{u}-\dfrac{K1}{u}-\dfrac{K3}{u}} - Qsu\mathrm{e}^{\frac{K2x}{u}}}{u} \right.$$

$$+ \frac{1}{K1K2-K1Kn-K2^2+K2K3+K2Kn-K3Kn}(K\,K1\,Ln0\,n$$
$$-K\,K2\,Ln0\,n+K\,K3\,Ln0\,n-K1\,K2\,Lc0+K1\,K2\,Q0-K1\,K2\,Qs$$
$$+K1\,Kn\,Lc0-K1\,Kn\,Q0+K1\,Kn\,Qs-K2^2\,Q0+K2^2\,Qs+K2\,K3\,Q0$$
$$-K2\,K3\,Qs+K2\,Kn\,Q0-K2\,Kn\,Qs-K3\,Kn\,Q0+K3\,Kn\,Qs)$$

运行效果如图 6-10 所示。

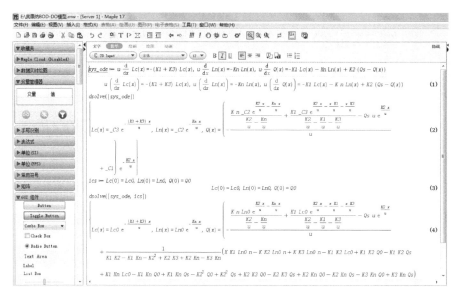

图 6-10　奥康纳 BOD-DO 模型程序运行图

6.3　湖泊水质数学模型

湖泊是指陆地上洼地积水形成的水域比较宽广、换流较缓慢的水体。由于湖泊具有广大的水域、缓慢的流速和风浪作用大的特点，加上人类活动大量使用化肥和家庭洗涤剂，使得氮和磷等营养物质大量流入湖泊，造成水体富营养化。

另外，许多湖泊水体在一年的特定时期温度是分层的，垂向的温度梯度有效地阻止了水体的混合，特别是夏天，湖泊通常分为三层，上面热的水体称为湖面温水层，下面冷的水体称为湖底层，在每一层中都是完全混合的，而在两层之间由于密度的差异而阻止了它们的完全混合，形成一个过渡层称为温跃层。

以上所述的湖泊水环境特点，决定了湖泊水质模型模拟需要分别按照完全混合型和分层型来研究，而且也着重于湖泊富营养化问题。以下将对两个完全混合型的水质模型进行演算，一个是沃兰伟德负荷模型，另一个是输入输出模型。

6.3.1　沃兰伟德负荷模型

沃兰伟德负荷模型是描述富营养化过程的第一个模型。该模型假定湖泊处于完全混合型，并且富营养化状态只与湖泊的营养物负荷有关，入湖与出湖的水量相等，根据物质平衡原理，某时段任何水质含量的变化等于该时段入湖含量减去出湖含量，以及该水质元素降解或沉淀所损失的量，从而可得出：

$$\frac{\mathrm{d}C}{\mathrm{d}t} = \frac{W}{V} - \frac{Q}{V}C - KC \qquad (6.13)$$

式中，C 为湖泊中营养物质（磷）的浓度，mg/L；W 为总磷的入湖量，g/d；Q 为出湖流量，m³/d；V 为湖水的体积，m³；K 为湖中磷的沉积系数，1/d；t 为时间，d。

令 $a = (Q/V + K)$，在 Maple 编辑窗中的命令和程序响应为

$> ode = \dfrac{\mathrm{d}}{\mathrm{d}t}C(t) = \dfrac{W}{V} - \alpha \cdot C(t)$

$$\dfrac{\mathrm{d}}{\mathrm{d}t}C(t) = \dfrac{W}{V} - \alpha \cdot C(t)$$

$dsolve(ode)$

$$C(t) = \dfrac{W}{V\alpha} + \mathrm{e}^{-\alpha t}\_C1$$

$ics = C(0) = C0$

$$C(0) = C0$$

$dsolve([ode, ics])$

$$C(t) = \dfrac{W}{V\alpha} + \mathrm{e}^{-\alpha t}\left(C0 - \dfrac{W}{V\alpha}\right)$$

假定初始时湖泊中 P 的浓度为 0，即 $C0 = 0$，则

$$C(t) = \{1 - exp(-a \times t)\} \times W/a \times V$$

当 t 趋于无穷大时，得平衡浓度为

$$Cp = W/aV$$

系统流程如图 6-11 所示。

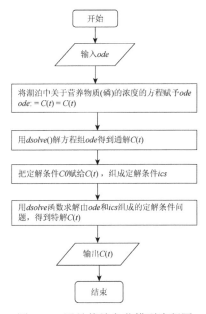

图 6-11　沃兰伟德负荷模型流程图

运行结果如图 6-12 所示。

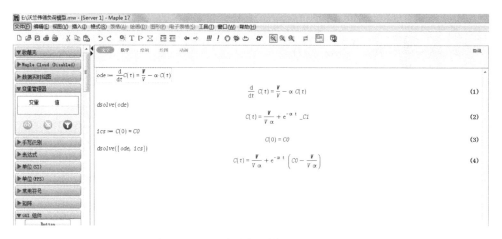

图 6-12　沃兰伟德负荷模型程序运行图

6.3.2　输入输出模型

根据湖泊不同的水文条件和不同的污染物质，给出不同情况的完全混合的平衡方程式，并推求湖泊中污染物的平均浓度，此类模型属于输入输出模型。

（1）当河道入湖的水量 Q_i 和出湖的水量相同时，单位时间内湖泊污染物质蓄量变化为

$$V\frac{\mathrm{d}C}{\mathrm{d}t} = q_i(C_i - C) \tag{6.14}$$

式中，C_i 为入湖河道中河水的污染物浓度，mg/L；C 为出湖的污染物浓度，mg/L；q_i 为入湖水量，m^3/d；V 为湖泊体积，m^3。

系统流程如图 6-13 所示。

在 Maple 编辑窗中的命令和程序响应为

$> ode = V \cdot \dfrac{\mathrm{d}}{\mathrm{d}t}C(t) = Qi \cdot (Ci - C(t))$

$$V\left(\frac{\mathrm{d}}{\mathrm{d}t}C(t)\right) = Qi(Ci - C(t))$$

$dsolve(ode)$

$$C(t) = Ci + \mathrm{e}^{-\frac{Qit}{V}}\_C1$$

$ics = C(0) = C0$

$$C(0) = C0$$

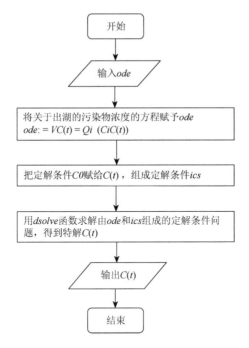

图 6-13　入湖、出湖水量相等时的输入输出模型流程图

$dsolve([ode,ics])$

$$C(t) = Ci + \mathrm{e}^{-\frac{Qit}{V}}(C0 - Ci)$$

运行结果如图 6-14 所示。

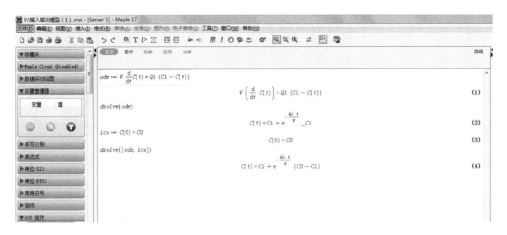

图 6-14　入湖、出湖水量相等时的输入输出模型程序运行图

（2）当河道入湖水量与出湖水量不等时，湖泊污染物的蓄量变化为

$$V \frac{\mathrm{d}C}{\mathrm{d}t} = q_i C_i - qC \qquad (6.15)$$

式中，q_i 为流入湖泊的水量，m^3/d；q 为流出湖泊的水量，m^3/d。

在起始条件 $t = 0$，$C = C0$ 下，Maple 编辑窗中的命令和程序响应为

$> ode = V \cdot \dfrac{\mathrm{d}}{\mathrm{d}t} C(t) = Qi \cdot Ci - Q \cdot C(t)$

$$V\left(\frac{\mathrm{d}}{\mathrm{d}t} C(t)\right) = QiCi - QC(t)$$

$ics = C(0) = C0$

$$C(0) = C0$$

$dsolve([ode,ics])$

$$C(t) = \frac{CiQi}{Q} + \mathrm{e}^{-\frac{Qt}{V}}\left(C0 - \frac{CiQi}{Q}\right)$$

系统流程如图 6-15 所示。

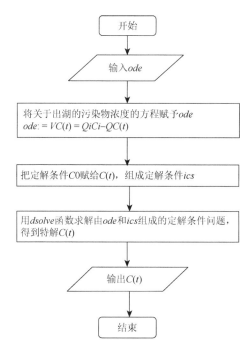

图 6-15　入湖、出湖水量不等时的输入输出模型流程图

运行结果如图 6-16 所示。

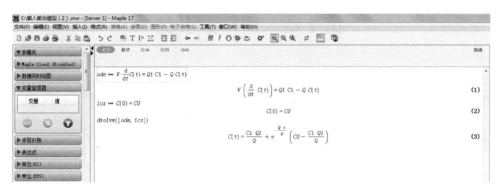

图 6-16　入湖、出湖水量不等时的输入输出模型程序运行图

第7章 同位素水文

7.1 同位素分馏的表示方法

7.1.1 同位素浓度 C

某种物质 A 的某一元素 X 的质量数为 q 的同位素原子的摩尔数占物质中该元素的所有种类的同位素原子的总摩尔数的比例称为该种同位素原子在该物质中的同位素浓度。用公式可表示为（顾慰祖等，2011）

$$C({}^{q}X_{A}) \triangleq [{}^{q}X_{A}] \triangleq [{}^{q}X] = \frac{N({}^{q}X_{A})}{\sum_{m} N({}^{m}X_{A})} = \frac{N({}^{q}X_{A})}{N({}^{m1}X_{A}) + \cdots + N({}^{q}X_{A}) + \cdots + N({}^{mk}X_{A})}$$

$$(7.1)$$

7.1.2 同位素比值 R

物质 A 中某元素的同位素比值，特指 A 物质中所含该元素的稀有同位素分子的摩尔数/摩尔浓度与常见同位素分子的摩尔数/摩尔浓度之比。

若物质 A 中质子数为 n 的元素共有两种同位素——质量数为 p 的丰有同位素 X 和质量数为 q 的稀有同位素 ${}^{*}X$，其在物质 A 中的摩尔浓度分别为$[X]$和$[{}^{*}X]$，则该元素在物质 A 中的同位素比值 ${}^{q}R_{A}$ 的计算式为

$$ {}^{q}R_{A} = \frac{[{}^{*}X]}{[X]} $$

$$(7.2)$$

7.1.3 分馏系数 α

当某一反应体系发生同位素分馏时，其分馏程度的大小用同位素分馏系数来表示，它是用反应系统中生成物 A 中某元素的两种特定同位素含量的比值与反应物 B 中同一元素的同样两种同位素含量的比值的商来表示的，表达式为

$$ \alpha_{A/B} = \frac{R_{A}}{R_{B}} $$

$$(7.3)$$

式中，R_{A} 和 R_{B} 分别为所研究的特定同位素在物质 A 和 B 中的同位素比值。

关于同位素分馏系数，还可采用下面的写法：

$$\alpha_A(B) = \alpha_{B/A} = \frac{R(B)}{R(A)} = \frac{R_B}{R_A} \tag{7.4}$$

下标 B/A 表示某特定同位素在物质 B 中的同位素比值相对于 A 物质中的同位素比值（之商）。

7.1.4　同位素组成的 δ 表示法

由于测验方法方面的原因，对天然水和许多其他的天然物质，通常并不能准确测定其中稳定同位素的绝对丰度，而只能测定出该元素的重同位素与常见的轻同位素的比值 R_A 和某种特定的参照标准物相应比值 R_r 的相对差值。该差值即为同位素组成的 δ 表示法或 δ 标度，其定义式为

$$\delta_{A/r} = \frac{R_A - R_r}{R_r} = \frac{R_A}{R_r} - 1 \tag{7.5}$$

7.1.5　富集系数 ε

通常 $\alpha \approx 1$。因此，α 对 1 的偏离量（称之为"富集系数"，某些书上也称为"分馏"或"分馏因子"）应用更广。富集系数 $\varepsilon_B(A)$ 表示某反应系统中生成物 A 的同位素组成相对于反应物 B 中同位素组成的富集程度（$\varepsilon_B(A) > 0$）或者是贫化程度（$\varepsilon_B(A) < 0$），其计算式如下：

$$\varepsilon_B(A) = \varepsilon_{A/B} = \alpha_{A/B} - 1 \tag{7.6}$$

7.1.6　在 Maple 中推导 δ、ε、R、C、α 之间的换算关系

1）R 与 C

若物质 A 中质子数为 n 的元素共有两种同位素，常见同位素 X 和稀有同位素 $^*X$，设稀有同位素在物质 A 中的摩尔浓度为 C，则常见同位素在物质 A 中的摩尔浓度为 $1-C$。故该元素在物质 A 中的同位素比值 R 的计算式为

$$R = \frac{C}{1 - C} \tag{7.7}$$

在 Maple 中利用 *solve* 函数推导出 C 与 R 的关系为

$$C = \frac{R}{1 + R} \tag{7.8}$$

运行结果如图 7-1 所示。

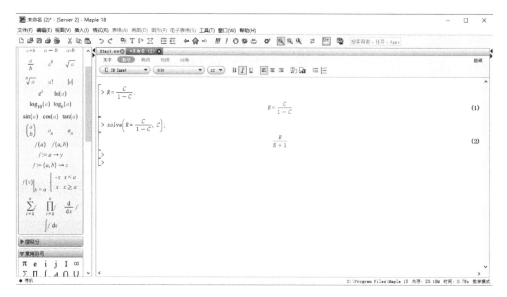

图 7-1　C 与 R 的关系模型程序运行图

2）C 与 δ

已知 $\delta = \dfrac{R_A - R_r}{R_r}$、$C = \dfrac{R}{1+R}$，在 Maple 中可得同位素浓度 C 与 δ 之间的转换式为

$$\delta := \frac{C}{R_r(1-C)} - 1 \qquad (7.9)$$

运行结果如图 7-2 所示（因为工作模式的原因，图中未显示提示符"＞"）。

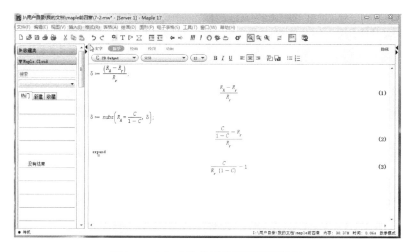

图 7-2　C 与 δ 的关系模型程序运行图

3）δ 与 α

有了 α 和 R 的关系式 $\alpha_{A/B}=\dfrac{R_A}{R_B}$ 和 δ 与 R 的关系式 $\delta=\dfrac{R_A-R_r}{R_r}$，可以推出 α 和 δ 值之间的换算关系：

在 Maple 中利用 *solve* 函数找出 R_A 与 δ 之间的关系：

$> \delta=\dfrac{(R_A-R_r)}{R_r}$

$$\delta=\frac{R_A-R_r}{R_r}$$

$> R_A=solve\left(\delta=\dfrac{R_A-R_r}{R_r},R_A\right)$

$$R_A=(1+\delta)R_r$$

利用 α 和 R 的关系式推导 α 和 δ 值之间的换算关系：

$> \alpha_{\frac{A}{B}}=\dfrac{R_A}{R_B}$

$$subs\left(R_A=(1+\delta_A)\cdot R_r,R_B=(1+\delta_A)\cdot R_r,\alpha_{\frac{A}{B}}=\dfrac{R_A}{R_B}\right)$$

$$\alpha_{\frac{A}{B}}=\frac{1+\delta_A}{1+\delta_B}$$

在 Maple 中运行结果如图 7-3 所示。

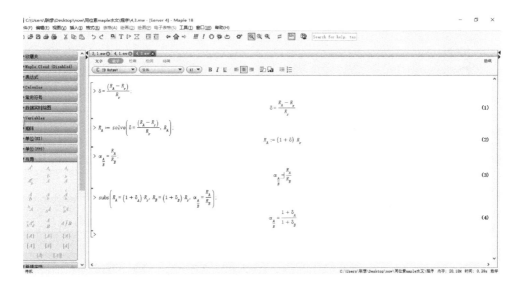

图 7-3　δ 与 α 的关系模型程序运行图

4）ε 与 R

由 $\varepsilon_B(A)=\varepsilon_{A/B}=\alpha_{A/B}-1$ 和 $\alpha_{A/B}=\dfrac{R_A}{R_B}$ 可推导出 ε 和 R 之间的关系：

$$\varepsilon_{A/B}=\frac{R_A-R_B}{R_B} \tag{7.10}$$

在 Maple 中利用 *subs* 和 *normal* 函数推导过程如下：

> $\varepsilon_{\frac{A}{B}}:=\alpha_{\frac{A}{B}}-1$

$$\varepsilon_{\frac{A}{B}}:=\alpha_{\frac{A}{B}}-1$$

> $\varepsilon_{\frac{A}{B}}:=subs\left(\alpha_{\frac{A}{B}}=\frac{R_A}{R_B},\varepsilon_{\frac{A}{B}}\right)$

$$\varepsilon_{\frac{A}{B}}:=\frac{R_A}{R_B}-1$$

> $\varepsilon_{\frac{A}{B}}:=normal\left(\frac{R_A}{R_B}-1\right)$

$$\varepsilon_{\frac{A}{B}}:=\frac{R_A-R_B}{R_B}$$

运行结果如图 7-4 所示。

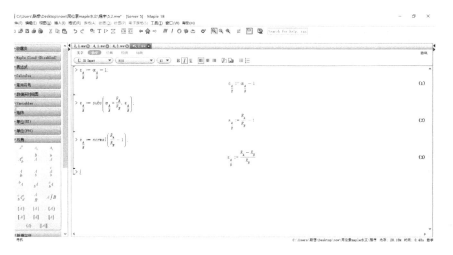

图 7-4　ε 与 R 的关系模型程序运行图

5）ε 与 δ

> $\varepsilon_{\frac{A}{B}}:=\alpha_{\frac{A}{B}}-1$

$$eq = \varepsilon_{\frac{A}{B}} = \alpha_{\frac{A}{B}} - 1$$

$$> subs\left(\alpha_{\frac{B}{A}} = \frac{R_A}{R_B}, \varepsilon_{\frac{B}{A}} = \alpha_{\frac{B}{A}} - 1\right);$$

$$\varepsilon_{\frac{A}{B}} = \frac{R_A}{R_B} - 1$$

$$> normal\left(\varepsilon_{\frac{A}{B}} = \frac{R_A}{R_B} - 1\right)$$

$$\varepsilon_{\frac{A}{B}} := \frac{-R_B + R_A}{R_B}$$

$$> subs\left(R_A = \left(1 + \delta_{\frac{A}{r}}\right) \cdot R_r, R_B = \left(1 + \delta_{\frac{B}{r}}\right) \cdot R_r, \varepsilon_{\frac{B}{A}} = \frac{-R_B + R_A}{R_A}\right)$$

$$\varepsilon_{\frac{B}{A}} = -\frac{-\left(1 + \delta_{\frac{B}{r}}\right)R_r + \left(1 + \delta_{\frac{A}{r}}\right)R_r}{\left(1 + \delta_{\frac{A}{r}}\right)R_r}$$

$$> simplify\left(-\frac{-\left(1 + \delta_{\frac{B}{r}}\right)R_r + \left(1 + \delta_{\frac{A}{r}}\right)R_r}{\left(1 + \delta_{\frac{A}{r}}\right)R_r}\right)$$

$$-\frac{-\delta_{\frac{B}{r}} + \delta_{\frac{A}{r}}}{1 + \delta_{\frac{A}{r}}}$$

上述各种换算关系总结如表 7-1 所示。

表 7-1　与稳定同位素组成有关的各种符号及其换算关系

	C	R	α	δ	ε
C		$C = \dfrac{R}{1+R}$		$\delta = \dfrac{C}{1-C} \times \dfrac{1}{R_r} - 1$	
R	$C = \dfrac{R}{1+R}$		$\alpha_{A/B} = \dfrac{R_A}{R_B}$	$\delta_{A/r} = \dfrac{R_A - R_r}{R_r}$	$\varepsilon_{B/A} = \dfrac{R_A - R_B}{R_B}$
α		$\alpha_{A/B} = \dfrac{R_A}{R_B}$	$\alpha_{A/B} = \dfrac{1}{\alpha_{B/A}}$	$\alpha_{A/B} = \dfrac{1+\delta_A}{1+\delta_B}$	$\varepsilon_{B/A} = \alpha_{A/B} - 1$
δ	$\delta = \dfrac{C}{1-C} \times \dfrac{1}{R_r} - 1$	$\delta_{A/r} = \dfrac{R_A - R_r}{R_r}$	$\alpha_{A/B} = \dfrac{1+\delta_A}{1+\delta_B}$	$\delta_{A/r} = \dfrac{\delta_{A/r} - \delta_{r'/r}}{1 + \delta_{r'/r}}$ $\delta_{A/B} = \dfrac{-\delta_{B/A}}{\delta_{B/A} + 1}$	$\varepsilon_{B/A} = \dfrac{\delta_{B/r} - \delta_{A/r}}{1 + \delta_{A/r}}$
ε		$\delta_{A/B} = \dfrac{R_A - R_B}{R_B}$	$\delta_{A/B} = \alpha_{A/B} - 1$	$\varepsilon_{B/A} = \dfrac{\delta_{B/r} - \delta_{A/r}}{1 + \delta_{A/r}}$	$\varepsilon_{B/A} = \dfrac{-\varepsilon_{A/B}}{\varepsilon_{A/B} + 1}$

7.2　同位素扩散分馏

现以水蒸气在空气中扩散时氧元素的分馏系数为例，说明具体计算方法。此例中，扩散物质是水，M_{a_1} 是 $H_2^{16}O$ 的摩尔质量，M_{a_2} 是 $H_2^{18}O$ 的摩尔质量，M_b 是空气的摩尔质量。

$$M_{a_1} = M(H_2^{16}O) = 1·2 + 16 = 18$$
$$M_{a_2} = M(H_2^{18}O) = 1·2 + 18 = 20$$

$$M_b = M(^{14}N_2)·0.79 + M(^{16}O_2)·0.21 = 14·2·0.79 + 16·2·0.21 \approx 29$$（因为空气中含有 79% 的 N_2 和 21% 的 O_2）。

程序流程如图 7-5 所示。

同位素扩散分馏属于同位素非平衡分馏的一种，从实质意义上说，它也"是"动力分馏。原子扩散或分子在浓度梯度作用下的运动都可以引起扩散分馏。它可以发生于一种物质在另一种介质（或真空）内的运动过程中。同一元素的不同同位素分子的扩散速度互不相同时，便会发生同位素扩散分馏。

对于在真空中发生的扩散，扩散分馏系数计算公式为

$$\alpha(m_2/m_1) := \frac{v_2}{v_1}$$

式中，v_1、v_2 分别为轻、重同位素分子的扩散速度；k 为玻尔兹曼常数（$k = n·1.380658·10^{-23}$ J/K）；m_1、m_2 为轻、重同位素分子质量；T 为热力学温度，则轻重同位

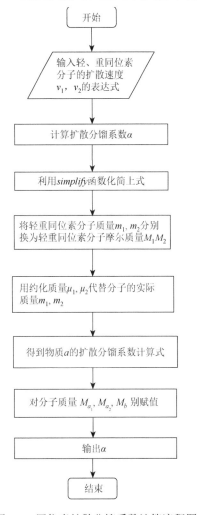

图 7-5　同位素扩散分馏系数计算流程图

素分子的扩散速度计算式在 Maple 编辑窗中的输入分别为

$$> v_1 := \sqrt{\frac{k·T}{2·\pi·m_1}};$$

$$\frac{1}{2}\sqrt{2}\sqrt{\frac{kT}{\pi m_1}}$$

$$> v_2 := \sqrt{\frac{k \cdot T}{2 \cdot \pi \cdot m_2}};$$

$$\frac{1}{2}\sqrt{2}\sqrt{\frac{k\,T}{\pi\,m_2}}$$

对于在真空中发生的扩散，扩散分馏系数计算公式为

$$> \alpha\left[\frac{m_1}{m_2}\right] := \frac{v_1}{v_2};$$

$$\frac{\sqrt{\dfrac{k\,T}{\pi\,m_1}}}{\sqrt{\dfrac{k\,T}{\pi\,m_2}}}$$

用 *simplify* 函数化简上式，最终可以得到：

$$\xrightarrow{simplify\ \ symbolic}$$

$$\frac{\sqrt{m_2}}{\sqrt{m_1}}$$

使用 *subs* 替换函数，将轻、重同位素的分子质量 m_1、m_2 替换为摩尔质量 M_1、M_2。

$$> \alpha\left[\frac{m_1}{m_2}\right] := subs\left(m_1 = M_1, m_2 = M_2, \frac{\sqrt{m_1}}{\sqrt{m_2}}\right);$$

$$\frac{\sqrt{M_1}}{\sqrt{M_2}}$$

当一种物质在另一种介质中运动的过程中发生扩散分馏时，需要用约化质量 μ_1、μ_2 代替分子实际质量 m_1、m_2（或者是摩尔质量 M_1、M_2）。在 Maple 中 μ_1、μ_2 的表达式如下（其中，m_{a_1}、m_{a_2} 分别是轻重同位素的分子质量，m_b 为介质 b 的分子质量）：

$$> \mu_1 := \frac{m_{a_1} \cdot m_b}{m_{a_1} + m_b}$$

$$\mu_1 := \frac{m_{a_1} \cdot m_b}{m_{a_1} + m_b}$$

$$> \mu_2 := \frac{m_{a_2} \cdot m_b}{m_{a_2} + m_b}$$

$$\mu_2 := \frac{m_{a_2} m_b}{m_{a_2} + m_b}$$

从而，分馏系数的计算式为

$$> \alpha_{\frac{m_2}{m_1}} := \frac{\sqrt{\mu_1}}{\sqrt{\mu_2}}$$

$$\alpha_{\frac{m_2}{m_1}} := \frac{\sqrt{\dfrac{m_{a_1} m_b}{m_{a_1} + m_b}}}{\sqrt{\dfrac{m_{a_2} m_b}{m_{a_2} + m_b}}}$$

用 *subs* 函数将轻重同位素的分子质量 m_{a_1}、m_{a_2} 替换为轻、重同位素的摩尔质量 M_{a_1}、M_{a_2}，将介质 b 的分子质量 m_b 替换为介质 b 的摩尔质量 M_b。

$$> \alpha_{\frac{m_2}{m_1}} := subs\left(\left(\frac{m_{a_1}\cdot m_b}{m_{a_1}+m_b}\right)=\left(\frac{M_{a_1}\cdot M_b}{M_{a_1}+M_b}\right),\left(\frac{m_{a_2}\cdot m_b}{m_{a_2}+m_b}\right)=\left(\frac{M_{a_2}\cdot M_b}{M_{a_2}+M_b}\right),\frac{\sqrt{\dfrac{m_{a_1} m_b}{m_{a_1}+m_b}}}{\sqrt{\dfrac{m_{a_2} m_b}{m_{u_2}+m_b}}}\right)$$

$$\alpha_{\frac{m_2}{m_1}} := \frac{\sqrt{\dfrac{M_{a_1} M_b}{M_{a_1}+M_b}}}{\sqrt{\dfrac{M_{a_2} M_b}{M_{a_2}+M_b}}}$$

将 $H_2{}^{16}O$ 的摩尔质量 18 赋值给 M_{a_1}，将 $H_2{}^{18}O$ 的摩尔质量 20 赋值给 M_{a_2}，将空气的摩尔质量 29 赋值给 M_b。

$$> M_{a_1} := 18 : M_{a_2} := 20 : M_b := 29 : \alpha_{\frac{m_2}{m_1}} := \frac{\sqrt{\dfrac{M_{a_1} M_b}{M_{a_1}+M_b}}}{\sqrt{\dfrac{M_{a_2} M_b}{M_{a_2}+M_b}}}$$

$$\alpha_{\frac{m_2}{m_1}} := \frac{21}{13630}\sqrt{2726\sqrt{145}}$$

把结果化为浮点数：

$$> \alpha_{\frac{m_2}{m_1}} := evalf\left(\frac{21}{13630}\sqrt{2726\sqrt{145}}\right)$$

$$\alpha_{\frac{m_2}{m_1}} := 0.9686577683$$

因此，水蒸气在空气中扩散的过程中，^{18}O 将减少 31‰。

程序中所用到的函数见表 7-2～表 7-4。

表 7-2　*simplify*( )函数简介

功能	化简根号，不管根号里的正负问题
原型	$simplify()$
参数	$simplify(\alpha(m_2/m_1), symbolic)$
返回	去掉公因子

表 7-3　*subs*( )函数简介（1）

功能	将表达式 $\alpha(m_2/m_1)$ 中的所有 M_1, M_2 变量出现的地方替换为 M_1, M_2
原型	$subs()$
参数	$subs\left(m_1 = M_1, m_2 = M_2, \dfrac{\sqrt{m_1}}{\sqrt{m_2}}\right)$
返回	$\alpha(m_2/m_1)$ 的表达式

表 7-4　*evalf*( )函数简介

功能	将表达式转化为浮点数
原型	$evalf(expr)$
参数	$H_2^{18}O$、$H_2^{16}O$、$^{14}N_2$、$^{16}O_2$
返回	浮点数

运行结果如图 7-6 所示。

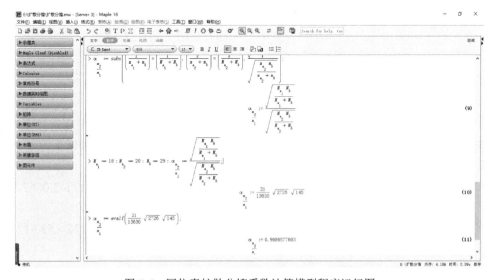

图 7-6　同位素扩散分馏系数计算模型程序运行图

7.3　分馏系数和温度及盐度的关系

液-气相变系统的平衡分馏系数 α 与温度（T）的关系式为 $\alpha = Ae^{B/T}$，通过数学推导知该表达式可以看作以下级数形式：$\varepsilon \approx \ln(1+\varepsilon) = \ln\alpha = \dfrac{A}{T^2} + \dfrac{B}{T} + C$，该式中常数 B 与 A 的符号相反，这样高温时 α 将趋近于 1，$\varepsilon/‰$ 趋向于 0。下文中将进一步说明。

在液气相（w-v）平衡条件下，^{2}H、^{18}O 分馏系数和温度的关系为（Majoube，1971）：

$$^{18}\varepsilon_{w\text{-}v}(‰) \approx 10^3 \ln^{18}\alpha_{w\text{-}v} = 1.137(10^6 T^{-2}) - 0.4156(10^3 T^{-1}) - 2.0667 \quad (7.11)$$

$$^2\varepsilon_{w\text{-}v}(‰) \approx 10^3 \ln^2\alpha_{w\text{-}v} = 24.844(10^6 T^{-2}) - 76.248(10^3 T^{-1}) + 52.612 \quad (7.12)$$

那么，^{2}H 和 ^{18}O 具体的分馏情况是怎样呢？下面利用 Maple 进一步分析。

在上述式子中，变量 T 指的是热力学温度，但是在实际生活中，我们更多使用的是摄氏温度，因此在分析中，首先需要进行单位转化，将热力学温度（K）转化为摄氏温度（℃）。若将两者在 Maple 中进行可视化，需要用到 *plot* 指令中的二维参数绘图的方法，该指令形式如 *plot*([x(s), y(s), s = smin..smax])。对于 ^{2}H、^{18}O 分馏系数与温度的关系的可视化需要首先明确其参数和参数方程，再进一步进行可视化。

通过整理分析，得出 ^{18}O 的分馏系数和温度关系参量方程为

$$t = T\text{–}273.15$$

$$^{18}\varepsilon_{w\text{-}v}(‰) \approx 10^3 \ln^{18}\alpha_{w\text{-}v} = 1.137(10^6 T^{-2}) - 0.4156(10^3 T^{-1}) - 2.0667$$

^{2}H 的分馏系数和温度关系的参量方程为

$$t = T\text{–}273.15$$

$$^2\varepsilon_{w\text{-}v}(‰) \approx 10^3 \ln^2\alpha_{w\text{-}v} = 24.844(10^6 T^{-2}) - 76.248(10^3 T^{-1}) + 52.612$$

实际生活中，我们通常关注的是在 0～100℃ 范围内，在液气相平衡条件下，^{2}H、^{18}O 分馏系数和温度的关系，那么，t 的范围就是 0～100℃，T 的取值范围就是 273.15～373.15K。所以，可以编写指令为

$^{18}\varepsilon(‰)$：= *plot*([T–273.15, (1.137*10^(6))/(T^(2))–(0.4156*10^(3))/(T)–2.0667, T = 273.15..373.15]);

$^2\varepsilon(‰)$：= *plot*([T–273.15, (24.844*10^(6))/(T^(2))-(76.248*10^(3))/(T) + 52.612, T = 273.15..373.15]

程序流程如图 7-7 所示。

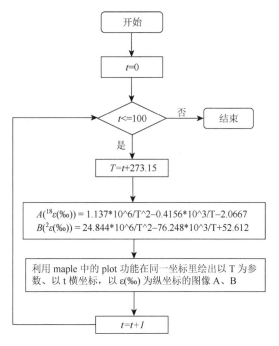

图 7-7　^{2}H 和 ^{18}O 在相同条件下分馏模型流程图

在使用 Maple 的过程中，笔者发现当输入 $^{18}\varepsilon$（‰）和 $^2\varepsilon$（‰）时，Maple 会弹出输入错误的对话框，最终为了方便，令 $A = {}^{18}\varepsilon$（‰），$B = {}^2\varepsilon$（‰），进行分析处理。那么，如何使 A 和 B 在同一个坐标中呈现的图像有所区分呢，此时我们可以使用 *color* 或 *style* 等命令进行区分。

在 Maple 编辑框里的程序相应为

$$A := plot\left(\left[T - 273.15, \frac{1.137 \cdot 10^6}{T^2} - \frac{0.4156 \cdot 10^3}{T} - 2.0667, T = 273.15..373.15\right], style = point\right)$$

$$PLOT(\cdots)$$

$$B := plot\left(\left[T - 273.15, \frac{24.844 \cdot 10^6}{T^2} - \frac{76.248 \cdot 10^3}{T} + 52.612, T = 273.15..373.15\right], style = line\right)$$

$$PLOT(\cdots)$$

$> plots[display](A, B)$

$$PLOT(\cdots)$$

运行结果如图 7-8 所示。

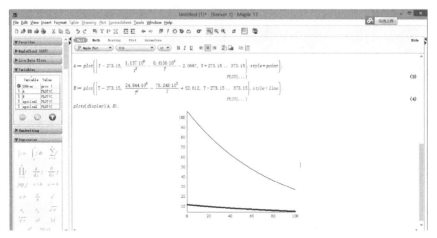

图 7-8　^2H 和 ^{18}O 在相同条件下分馏模型程序运行图

由图 7-8 可见，在相同条件下，水中氢元素的分馏程度比氧元素的大。

下面列举一个计算封闭系统中平衡状态下水汽的同位素组成的例子，以便读者熟悉同位素组成的各种表示方法。

例 7.1　已知–20～30℃，水汽饱和空气的水分承载能力随温度呈指数增加，函数关系如下（温度 T 的单位为℃，水汽的单位为 g/m^3）：

$$\rho = 0.0002T^3 + 0.0111T^2 + 4.8 \tag{7.13}$$

D 和 ^{18}O 的水汽平衡分馏系数与温度的关系式，现在把体积为 $0.1m^3$、$\delta D = 0$ 并且 $\delta^{18}O = 0$ 的纯净水倒入温度为 25℃、体积为 $1m^3$、容器内的空气保持干燥（相对湿度 $h = 0\%$）的恒温箱内，经过 t 小时以后，水箱内的湿度计显示该箱内气相中水汽相对湿度已达到 100%，假定这时水气两相的同位素也达到了平衡状态，请问这时水气两相的氢氧稳定同位素组成（δ 值）各是多少？

解题思路：设液气相达到平衡时，液相的体积为 xm^3，则气相体积为（$1-x$）m^3，当气相的湿度达到 100% 时，该气相中空气所含水汽的份数达到了（或者说等于）水汽饱和空气的承载能力，从而该气相所含水分换算为液态下的体积为 $\dfrac{(1-x)m^3 \rho(25℃)\dfrac{g}{m^3}}{10^6 g/m^3}$，对放入容器中的水和 t 小时后的气液两相平衡中的水建立质量守恒方程：

$$\frac{(1-x) \times m^3 \times \rho(25℃)}{10^6 \times g/m^3} + x \times m^3 = 0.1 \times m^3 \tag{7.14}$$

由式（7.13），得

$$\rho(25℃) = 22.8875\frac{g}{m^3} \tag{7.15}$$

所以，式（7.14）可化为

$$\frac{(1-x) \times m^3 \times 22.8875 \times \dfrac{g}{m^3}}{10^6 \times g / m^3} + x \times m^3 = 0.1 \times m^3 \qquad (7.16)$$

即

$$\frac{(1-x)22.8875}{10^6} + x = 0.1 \qquad (7.17)$$

解之得液气两相平衡时，液相水的体积为

$$x = 0.0999794 (m^3) \qquad (7.18)$$

从而液气两相平衡时，气相水（换算为液相水）的体积为

$$0.1 - x = 0.0000206 (m^3) \qquad (7.19)$$

把 25℃换算为开氏（开尔文）温度为

$$T = 25 + 273 = 298 （K） \qquad (7.20)$$

根据式（7.11）和式（7.12），得

$$10^3 \ln^{18} \alpha_{w\text{-}v}(298K) = 9.342146$$
$$10^3 \ln^{2} \alpha_{w\text{-}v}(298K) = 76.508401 \qquad (7.21)$$

从而有

$$\begin{cases} {}^{18}\alpha_{w\text{-}v}(298K) = 1.009386 \\ {}^{2}\alpha_{w\text{-}v}(298K) = 1.079511 \end{cases} \qquad (7.22)$$

对刚放入容器内时的水和液气两相平衡时的水中稀有同位素 D 和 ^{18}O 建立质量守恒方程：

$$\begin{cases} N_0^{18}R_0 = N_w^{18}R_w + N_v^{18}R_v \\ N_0^{2}R_0 = N_w^{2}R_w + N_v^{2}R_v \end{cases} \qquad (7.23)$$

式中，下标 0 指初始水体；下标 w 指液气相平衡时的液相；下标 v 指的是液气相平衡时的气相；N 为水的体积（此处也可看作摩尔数）；R 为同位素的比率。

由 R 和 δ 的换算关系知：

$$\begin{cases} {}^{18}R_0 = (1 + {}^{18}\delta_0) {}^{18}R_r \\ {}^{18}R_w = (1 + {}^{18}\delta_w) {}^{18}R_r \\ {}^{18}R_v = (1 + {}^{18}\delta_v) {}^{18}R_r \\ {}^{2}R_0 = (1 + {}^{2}\delta_0) {}^{2}R_r \\ {}^{2}R_w = (1 + {}^{2}\delta_w) {}^{2}R_r \\ {}^{2}R_v = (1 + {}^{2}\delta_v) {}^{2}R_r \end{cases} \qquad (7.24)$$

把它们代入式（7.23），约去 $^{18}R_r$ 和 ^2R_r 得

$$\begin{cases} N_0(1+^{18}\delta_0) = N_w(1+^{18}\delta_w) + N_v(1+^{18}\delta_v) \\ N_0(1+^2\delta_0) = N_w(1+^2\delta_w) + N_v(1+^2\delta_v) \end{cases} \tag{7.25}$$

由 α 和 R 的换算关系可得

$$\begin{cases} ^{18}\alpha_{w\text{-}v} = \dfrac{^{18}R_w}{^{18}R_v} = \dfrac{(1+^{18}\delta_w)^{18}R_r}{(1+^{18}\delta_v)^{18}R_r} = \dfrac{(1+^{18}\delta_w)}{(1+^{18}\delta_v)} \\ ^2\alpha_{w\text{-}v} = \dfrac{^2R_w}{^2R_v} = \dfrac{(1+^2\delta_w)^2R_r}{(1+^2\delta_v)^2R_r} = \dfrac{(1+^2\delta_w)}{(1+^2\delta_v)} \end{cases} \tag{7.26}$$

把 $N_0 = 0.1\text{m}^3$，$N_w = 0.0999794\text{m}^3$，$N_v = 0.0000206\text{m}^3$，$^{18}\delta_0 = 0$，$^2\delta_0 = 0$，$^{18}\alpha_{w\text{-}v}(298\text{K}) = 1.009386$，$^2\alpha_{w\text{-}v}(298\text{K}) = 1.079511$ 分别代入式（7.25）和式（7.26），得

$$\begin{cases} 0.1\cdot(1+0) = 0.0999794\cdot(1+^{18}\delta_w) + 0.0000206\cdot(1+^{18}\delta_v) \\ 0.1\cdot(1+0) = 0.0999794\cdot(1+^2\delta_w) + 0.0000206\cdot(1+^2\delta_v) \\ \dfrac{(1+^{18}\delta_w)}{(1+^{18}\delta_v)} = 1.009386 \\ \dfrac{(1+^2\delta_w)}{(1+^2\delta_v)} = 1.079511 \end{cases} \tag{7.27}$$

解由上式组成的方程组，得

$$\begin{cases} ^{18}\delta_v = -0.009293 = -9.293‰ \\ ^{18}\delta_w = -0.000006 = -0.006‰ \\ ^2\delta_v = -0.073637 = -73.637‰ \\ ^2\delta_w = -0.000019 = -0.019‰ \end{cases} \tag{7.28}$$

有了上述数据，还可以计算它们的衍生量：

$$^{18}\Delta_{w\text{-}v} = {}^{18}\delta_w - {}^{18}\delta_v = 0.000006 - (-0.009293) = 0.009299 = 9.299‰$$

$$^2\Delta_{w\text{-}v} = {}^2\delta_w - {}^2\delta_v = -0.000019 - (-0.07363) = 0.073656 = 73.611‰ \tag{7.29}$$

$$^{18}\varepsilon_{w\text{-}v} = {}^{18}\alpha_{w\text{-}v} - 1 = 1.009386 - 1 = 0.009386 = 9.386‰$$

$$^2\varepsilon_{w\text{-}v} = {}^2\alpha_{w\text{-}v} - 1 = 1.079511 - 1 = 0.079511 = 79.511‰$$

求解过程的流程如图 7-9 所示。

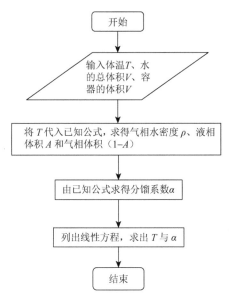

图 7-9　求解水气两相的氢氧稳定同位素组成（δ 值）流程图

在 Maple 编辑框中的输入和程序相应依次为

$>eqns := \{t = 25, A = 0.0002 \cdot t^3 + 0.0111 \cdot t^2 + 0.321 \cdot t + 4.8\}$

$$\{A = 0.0002t^3 + 0.0111t^2 + 0.321t + 4.8, t = 25\}$$

$>vars := \{t, A\}$

$$\{A, t\}$$

$>solve(eqns, vars)$

$$\{A = 22.88750000, t = 25.\}$$

$>solve\left(\dfrac{(1-x) \cdot 22.8875}{10^6} + x = 0.1, x\right)$

$$0.09997940078$$

$>solve(\{t = 25, T = t + 273.15\}, \{t, T\}):$

$>solve(\{T = 298.15, 10^3 \cdot \ln(alpha[18]) = 1.137 \cdot (10^6 \cdot T^{-2}) - 0.4156 \cdot (10^3 \cdot T^{-1})$
$-2.0667\}, \{alpha[18], T\})$

$$\{T = 298.1500000, a_{18} = 1.009373628\}$$

$>solve(\{T = 298.15, 10^3 \cdot \ln(alpha[2]) = 24.844(10^6 \cdot T^{-2}) - 76.248(10^3 T^{-1})$
$+52.612\}, \{alpha[2], T\});$

$$\{T = 298.1500000, a_2 = 1.079346430\}$$

运行结果如图 7-10 所示。

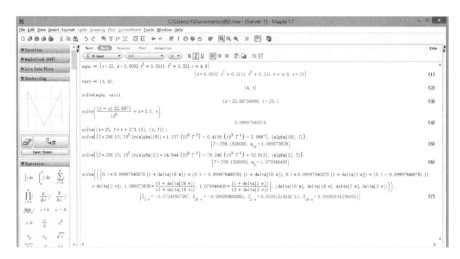

图 7-10　求解水气两相的氢氧稳定同位素组成（δ 值）程序运行图

7.4　凝结过程中的瑞利分馏模型

产生降水的唯一途径是冷却水蒸气团，如果温度不降低，就不会下雨。冷却有两个途径：一是通过绝热膨胀，即热空气上升到较低压力区；二是通过辐射热下降。当经过露点（湿度为 100%时的温度）时，水蒸气冷凝以保持热力学平衡，开始降雨（或雪）。如果温度不变或变热，冷凝停止或向相反方向进行，湿度下降。

由于凝结过程和蒸发过程在物理上互为逆过程，从而凝结过程也可以用瑞利模式来模拟，在实际降水过程中所发生的分馏往往接近平衡分馏模式，因而大多数降水过程中的分馏都可以用瑞利平衡分馏模式来模拟。有所例外的是，在周围空气十分干燥且降水量较小时，降水下落过程中的二次蒸发所导致的分馏效应包含较大的动力学同位素效应的成分。

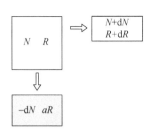

图 7-11　凝结过程中的瑞利分馏
模型示意图

下面以云团中水汽的凝结过程为例，说明瑞利模型在描述降水的氢氧稳定同位素组成变化规律中的表述方法。

如图 7-11 所示，最左边方块表示某一时刻正在发生凝结的水蒸气，其中，N 代表云团中气相水的分子总数（或摩尔数）；R 代表云团中气相水的稀有同位素分子与常见同位素分子浓度之比（同位素比率），从而 $N/(1 + R)$ 是常见同位素分子数，$RN/(1 + R)$是稀有同位素分子数；右上角方块代表凝结后的剩余水蒸气的水体微元及其同位素组成；"+"号下面方块代表凝结后生成的水体及其同位素组成；$\alpha_{L/V}$

代表平衡分馏条件下水的液相同位素组成相对于气相同位素组成的分馏系数（顾慰祖等，2011）。

对云团水汽中的稳定同位素分子建立凝结前和凝结后的质量守恒方程式：

$$\frac{R}{1+R}N = \frac{R+\mathrm{d}R}{1+R+\mathrm{d}R}(N+\mathrm{d}N) - \frac{\alpha_{L/V}\cdot R}{1+\alpha_{L/V}R}\mathrm{d}N \qquad (7.30)$$

并对上式进行整理，两边积分，得云团中剩余的气相水的同位素组成随剩余气相水的摩尔数的变化规律：

$$R = R\frac{N^{\alpha-1}}{N_0^{\alpha_0-1}}\mathrm{e}^{-\int_0^N \ln N\mathrm{d}\alpha_{L/V}} \qquad (7.31)$$

假定云团中的水汽在凝结过程中，温度变化不大，从而平衡分馏系数 $\alpha_{L/V}$ 可以近似看作不随 N 的变化而变化，则又可将上式写为

$$R = R_0\left(\frac{N}{N_0}\right)^{\alpha_{L/V}-1} \qquad (7.32)$$

如果记 $f = N/N_0$ 表示剩余水汽的摩尔数与初始水汽的摩尔数之比，则又可写为

$$R = R_0 f^{a_{L/V}-1} - 1 \qquad (7.33)$$

式中，R_0 和 δ_0 为初始水汽的同位素组成；$\varepsilon_{L/V} = \alpha_{L/V} - 1$ 写为标准形式，以 δ 值形式表示为

$$\delta = (1+\delta_0)f^{\alpha_{L/V}-1} - 1$$

这里可以借助 Maple 软件画出云团初始水汽的同位素组成 $\delta_0 = -0.005$，液相水相对于气相水的富集系数 $\varepsilon_{L/V} = 0.01$（注意：水的氧同位素在 25℃时的富集系数比较接近于此数值）时，云团中气相水的同位素组随剩余水汽的摩尔数与初始水汽的摩尔数之比 f 的变化规律。

求解过程流程如图 7-12 所示。

在 Maple 编辑框中的输入和程序相应依次为

$$> m := \frac{\mathrm{d}}{\mathrm{d}N}R(N) = \frac{(\alpha-1)\cdot R(N)}{N}$$

$$\frac{\mathrm{d}}{\mathrm{d}N}R(N) = \frac{(\alpha-1)\cdot R(N)}{N}$$

$$> dsolve(m);$$

$$R(N) = \_C1N^{\alpha-1}$$

$$> ice := R(N0) = R0;$$

$$R(N0) = R0$$

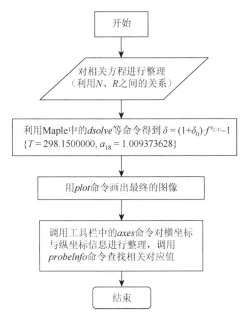

图 7-12   凝结过程中的瑞利分馏模型流程图

> $P := dsolve\ (\{m, ics\})$

$$R(N) = \frac{R0\,N^{\alpha-1}}{N0^{\alpha-1}}$$

> $Q := \dfrac{R0\,N^{\alpha-1}}{N0^{\alpha-1}}$

$$\frac{R0\,N^{\alpha-1}}{N0^{\alpha-1}}$$

> $subs\{N = f \cdot N0, q\};$

$$\frac{R0(fN0)^{\alpha-1}}{N0^{\alpha-1}}$$

$\xrightarrow{\text{simplify symbolic}}$

$$R0\,f^{\alpha-1}$$

> $QQ := R = R0\ f^{\alpha-1}$

$$R = R0\ f^{\alpha-1}$$

> $mm := subs\big(\{R(1+\delta)R[r], R0 = (1+\delta0)\cdot R[r]\}, qq\big);$

$$(1+\delta)R_r = (1+\delta0)R_r\,f^{\alpha-1}$$

> $nn := solve(mm, \delta);$

$$f^{\alpha-1}\delta 0 + f^{\varepsilon} - 1$$

$> pp := subs(\alpha = 1 + \varepsilon,\ nn);$

$$f^{\varepsilon}\delta 0 + f^{\varepsilon} - 1$$

$> WW := subs(\{\delta 0 = -0.005,\ \varepsilon = 0.001\},\ pp);$

$$0.995\, f^{0.01} - 1$$

simplify symbolic ⟶

$$0.995\, f^{\frac{1}{100}} - 1$$

$> uu := f \rightarrow 0.995\, f^{\frac{1}{100}} - 1$

$$f \rightarrow 0.995\, f^{\frac{1}{100}} - 1$$

$> plot\,(uu\{f\},\ f = 0.1)$

运行上述程序，即可得到云团中气相水的同位素组随剩余水汽的摩尔数与初始水汽的摩尔数之比 f（不妨称之为"未凝结比"）的规律图，如图 7-13 所示。

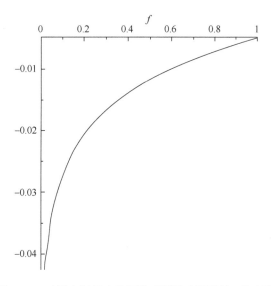

图 7-13　云团中气相水的同位素组随未凝结比 f 的变化

运行结果如图 7-14 所示。

图 7-14　云团中气相水的同位素组随剩余水汽的摩尔数与初始水汽的摩尔数之比 f 的规律

7.5　开放系统（瞬时）非平衡分馏条件下的瑞利蒸发模式

Craig 和 Gordon 提出的开启水面蒸发模型把水汽界面分为四层：水层、饱和层、扩散层和紊流层（图 7-15）。在水层和饱和层之间的分馏属于平衡分馏（饱和层相对湿度为 100%）。饱和层和紊流层之间的扩散层通过分子扩散作用，水蒸气向两个方向运动，也就是在该层产生了非平衡富集。分子扩散是一个分馏过程，因为轻水分子在空气中的扩散系数比重水分子的大。

在高湿度（ $h = 100\%$ ）条件下，过渡带向两个方向的扩散相等，不发生净分馏。然而，当湿度较小时，就会发生饱和层向紊流层的净扩散。这样饱和层中扩散较强的轻水分子减少，而重水分子相对富集。根据空气中气体的扩散分馏公式可以计算出这种扩散效应所产生的最大动力富集（顾慰祖等，2001）：

图 7-15　水面蒸发模型示意图

（图中标注：自由大气、紊流层、扩散层、饱和层、水层、水面）

$$^{18}\alpha_{\text{饱和层}-\text{紊流层 max}} = 1/0.968658 \approx 1.03236$$

$$^{2}\alpha_{\text{饱和层}-\text{紊流层 max}} = 1/0.983629 \approx 1.01664$$

从而，

$$^{18}\varepsilon_k = {}^{18}\varepsilon_{\text{饱和层}-\text{紊流层}} = {}^{18}\alpha_{\text{饱和层}-\text{紊流层}} - 1 \approx 1.0323 - 1 = 32.3‰$$

$$^{2}\varepsilon_k = {}^{2}\varepsilon_{\text{饱和层}-\text{紊流层}} = {}^{18}\alpha_{\text{饱和层}-\text{紊流层}} - 1 \approx 1.0166 - 1 = 16.6‰$$

实际上由于湿度很少接近 0，从而动力（扩散）分馏效应没有那么显著。Gonfiantini 用下述关系式描述了湿度 h 与动力效应 k 的关系：

$$\Delta^{18}\varepsilon =^{18}\varepsilon_k =^{18}\varepsilon_{饱水层-蓄水层} =14.2\times(1-h)$$

$$\Delta^{2}\varepsilon =^{22}\varepsilon_k =^{2}\varepsilon_{饱水层-蓄水层} =12.5\times(1-h)$$

因此，水层与素流层之间的总分馏系数为水汽交换平衡分馏系数（记作 $\alpha_{水层-饱水层}$）和动力分馏系数（$\alpha_{饱水层-素流层}$）之积：

$$\alpha_{水层-素水层}=\frac{R_{水层}}{R_{素水层}}=\frac{R_{水层}}{R_{饱水层}}\frac{R_{饱水层}}{R_{素水层}}=\alpha_{水层-饱水层}\alpha_{饱水层-素流层}$$

$$=(1+\varepsilon_e)(1+\Delta\varepsilon)=1+\varepsilon_e+\Delta\varepsilon+\varepsilon_e\Delta\varepsilon\approx 1+\varepsilon_e+\Delta\varepsilon$$

从而总的富集系数（$\varepsilon_总$）为

$$\varepsilon_总=\alpha_{水层-素流层}-\approx \varepsilon_e+\Delta\varepsilon$$

进而开放系统非平衡分馏条件下的瑞利蒸发公式可以写为

$$\frac{R}{R_0}=\frac{1+\delta}{1+\delta_0}=f^{\alpha_{非平衡}-1}$$

$$=f^{\alpha_{水层-素水层}-1}=f^{\varepsilon_总}\approx f^{\varepsilon_e+\Delta\varepsilon}$$

$$=f^{\varepsilon_e(T)+\Delta\varepsilon(h)}$$

即

$$\delta \approx (1+\delta_0)f^{\varepsilon_e(T)+\Delta\varepsilon(h)}-1$$

当然，也可以保留其精确形式：

$$\delta =(1+\delta_0)f^{\varepsilon_e(T)+\Delta\varepsilon(h)+\varepsilon_e(T)\cdot\Delta(h)}-1$$

为了让读者熟悉瑞利分馏模型在（瞬时）非平衡条件下的应用步骤，这里列举一个例子说明。

例 7.2　一个圆柱形盛水容器中装有 1m 深的 $\delta D=0$ 并且 $\delta^{18}O=0$ 的纯净水。把该容器放入温度为 25℃，湿度为 85%的房间内。假定由于房间很大，从容器中蒸发出的水汽对房间内空气湿度的影响可以忽略不计，试问，当该容器中的水蒸发了原来的一半时（即剩余水体的体积为原来的 1/2 时），该容器中水的氢氧稳定同位素组成（$^2\delta_L$ 和 $^{18}\delta_L$）是多少？在容器中的水被蒸发到原来体积的一半的瞬间，此刻从容器中蒸发出去的水汽的瞬时同位素组成（$^2\delta_V$ 和 $^{18}\delta_V$）是多少？（顾慰祖等，2011），圆柱形容器中的水在恒定温度和湿度的大气环境下的蒸发如图 7-16 所示。

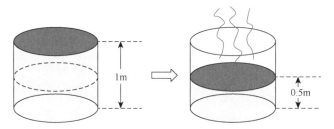

图 7-16　圆柱形容器中的水在恒定温度和湿度的大气环境下的蒸发示意图

程序流程如图 7-17 所示。

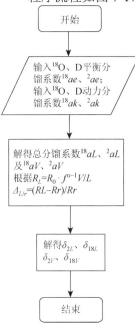

图 7-17　瑞利模型的一个
算例流程图

在 Maple 编辑窗中的输入和程序响应依次为

$>A1:=a[18eL]=1.009386$

$$A1:=a_{18eL}1.009386$$

$>A2:=a[2eL]=1.079511$

$$A2:=a_{2eL}1.079511$$

$>A3:=a[18KL]=1+14.2\times\dfrac{(1-0.85)}{1000}$

$$A4:=a[2KL]=1+12.5\times\dfrac{(1-0.85)}{1000}$$

$$A1:=a[18eL]=1.009386$$

$>A4:=a[2KL]=1+12.5\times\dfrac{(1-0.85)}{1000}$

$$A4:=a_{2KL}=1.001875000$$

总分馏系数 aL 为水汽交换平衡分馏系数 ae 和动力平衡分馏系数 ak 之积：

$>a[18L]=1.009386\cdot1.002130000;$

$$A5:=a_{18L}=1.011535992$$

$>a[2L]=1.079511\cdot1.001875000;$

$$a_{2L}=1.081535083$$

$>\delta[L]=\dfrac{R[L]}{R[r]}-1$

$$\delta_L=\dfrac{R_L}{R_r}-1$$

$>\delta[L]=subs(R[L]=R[0]\cdot f^{a-1}v,\delta[L])$

$$\delta_L=\dfrac{R_0f^{a-1}v}{R_r}-1$$

$> \delta[L] = subs(R[0] = (1+\delta) \cdot R[r], \delta[L]);$

$$\delta_L = (1+\delta) \cdot f^{a-1} v - 1$$

$> \delta[V] = (1+\delta L) \cdot a[2V] - 1$

$$\delta_V = (1+\delta L) \cdot a_{2V} - 1$$

$> \delta[2L] = 1 \cdot \left(\dfrac{1}{2}\right)^{a[2V]-1} - 1$

$$\delta_{2L} = 0.053644580$$

$> \delta[2V] = (1 + \delta[2L] \cdot a[2V] - 1$

$$\delta_{2V} = -0.0257878856$$

$> \delta[18L] := 1 \cdot \left(\dfrac{1}{2}\right)^{a[18V]-1} - 1;$

$$\delta_{18L} = 0.007936276$$

$> \delta[18V] = (1 + \delta[18L]) \cdot a[18V] - 1;$

$$\delta_{18V} = -0.0035586633$$

程序中所用到的函数见表 7-5。

表 7-5　subs( )函数简介（2）

功能	变量代换
原型	$subs\,(x = a,\ expr)$
参数	赋值表达式 $x = a$；表达式 $expr$
返回	把表达式中的 x 用 a 代替后的计算结果

运行结果如图 7-18 所示。

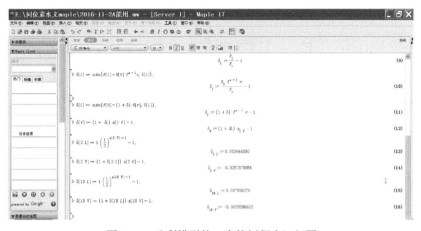

图 7-18　瑞利模型的一个算例程序运行图

7.6　经验型的氢氧稳定同位素关系线到解析型的氢氧稳定同位素关系线[①]

在氕氧关系线的内容中，我们看到该关系线在数学形式和图形直观上都采取了直线式，从其起源来说，源自 Craig 和 Dansgaard 的研究，他们通过研究全球降水资料发现全球大气降水线（GMWL）的走向近乎"直线"。那么，有没有表述更加精确合理，基础更加清晰牢靠的氕氧关系？这就是本节要讨论的中心内容。对于氕氧关系，我们推导的依据是，对所研究的给定水体，首先在瑞利分馏和质量守恒等规律的基础上，分别考察氢氧稳定同位素各自的变化规律，在此基础上试图发现氕氧关系的更为精确的表达形式。在凝结过程中的瑞利分馏模型中，作者推导了分馏系数恒定条件下的瑞利模型的解析表达式，为 $R = R_0 \cdot f^{\alpha-1}$。这里要指明的是，对水体中的氕和氧-18 而言，该表达式都成立，因为两者都服从瑞利分馏原理。

程序流程如图 7-19 所示。

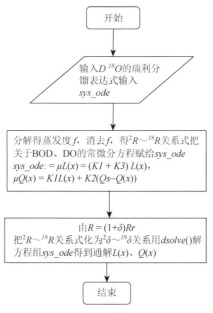

图 7-19　解析型的 D 和 ^{18}O 关系线的流程图

在 Maple 编辑窗中的输入和程序响应依次为

---

① 这里的"氢氧稳定同位素关系线"特指"气相或液相水中的 2H-18O 关系线"，简洁起见，以下简称氕氧关系线。

$> A := solve(Rh = Rh0 \cdot f^{ah-1}, f);$

$$e^{\dfrac{\ln\left(\dfrac{Rh}{Rh0}\right)}{ah-1}}$$

$AA := simplify(A);$

$$\left(\dfrac{Rh}{Rh0}\right)^{\dfrac{1}{ah-1}}$$

$B := solve(Ro = Ro0 \cdot f^{ao-1}, f);$

$$e^{\dfrac{\ln\left(\dfrac{Ro}{Ro0}\right)}{ao-1}}$$

$BB := simplify(B);$

$$\left(\dfrac{Ro}{Ro0}\right)^{\dfrac{1}{ao-1}}$$

$C := AA = BB$

$$\left(\dfrac{Rh}{Rh0}\right)^{\dfrac{1}{ah-1}} = \left(\dfrac{Ro}{Ro0}\right)^{\dfrac{1}{ao-1}}$$

$E := subs(\{Rh = (1+\delta h) \cdot Rr, Rh0 = (1+\delta h0) \cdot Rr, Ro = (1+\delta o) \cdot Rr, Ro0 = (1+\delta o0)$
$\cdot Rr\}, C);$

$$\left(\dfrac{1+\delta h}{1+\delta h0}\right)^{\dfrac{1}{ah-1}} = \left(\dfrac{1+\delta o}{1+\delta o0}\right)^{\dfrac{1}{ao-1}}$$

$F := solve(E, \delta h);$

$$\left(\dfrac{1+\delta o}{1+\delta o0}\right)^{-\dfrac{1}{ao-1}} \left(\left(\dfrac{1+\delta o}{1+\delta o0}\right)^{\dfrac{1}{ao-1}}\right)^{ah} \delta h0$$

$$+ \left(\dfrac{1+\delta o}{1+\delta o0}\right)^{-\dfrac{1}{ao-1}} \left(\left(\dfrac{1+\delta o}{1+\delta o0}\right)^{\dfrac{1}{ao-1}}\right)^{ah} - 1$$

$\underset{=\!=\!=\!=}{simplify}$

$$\left(\dfrac{1+\delta o}{1+\delta o0}\right)^{-\dfrac{1}{ao-1}} = \left(\left(\dfrac{1+\delta o}{1+\delta o0}\right)^{\dfrac{1}{ao-1}}\right)^{ah} \delta h0$$

$$+ \left(\dfrac{1+\delta o}{1+\delta o0}\right)^{-\dfrac{1}{ao-1}} \left(\left(\dfrac{1+\delta o}{1+\delta o0}\right)^{\dfrac{1}{ao-1}}\right)^{ah} - 1$$

$$G := simplify(F, 'symbolic')$$

$$(1+\delta o)^{\frac{\alpha h-1}{\alpha o-1}} (1+\delta o0)^{-\frac{\alpha h-1}{\alpha o-1}} \delta h0 + (1+\delta o)^{\frac{\alpha h-1}{\alpha o-1}} (1+\delta o0)^{-\frac{\alpha h-1}{\alpha o-1}} - 1$$

$$H := subs\left(\left\{\frac{\alpha h-1}{\alpha o-1} = K\alpha\right\}, G\right);$$

$$(1+\delta o)^{K\alpha} (1+\delta o0)^{-K\alpha} \delta h0 + (1+\delta o)^{K\alpha} (1+\delta o0)^{-K\alpha} - 1$$

$$J := subs(\{\delta h0 = K0 \cdot (1+\delta o0)^{K\alpha} - 1\}, H);$$

$$(1+\delta o)^{K\alpha} (1+\delta o0)^{-K\alpha} (K0 (1+\delta o0)^{K\alpha} - 1) + (1+\delta o)^{K\alpha} (1+\delta o0)^{-K\alpha} - 1$$

$$\underset{=\!=\!=}{\text{expand}}$$

$$(1+\delta o)^{K\alpha} K0 - 1$$

其中，$\delta h0$、$\delta o0$ 分别表示初始水体的氘、氧-18 的同位素组成（注：由于在 Maple 中不适合输入左上标，如 $^2\delta$，所以诸如 $^2\delta_0$ 和 $^{18}\delta_0$ 这样的变量在 Maple 程序中分别用 $\delta h0$ 和 $\delta o0$ 表示，余仿此）。

因为 $\delta h0$、$\delta o0$ 都是定值，从而 $\dfrac{(1+{}^2\delta_0)}{(1+{}^{18}\delta_0)^{\frac{^2\alpha-1}{^{18}\alpha-1}}}$、$\dfrac{^2\alpha-1}{^{18}\alpha-1}$ 皆是定值，现在不妨定义常数 K_0 和 K_α，并令

$$K_0 = (1+\delta h0)(1+\delta o0)^{-k}\alpha$$

$$K_\alpha = \frac{\alpha h-1}{\alpha o-1}$$

则表达式 G 可以写为

$$\delta_h = K_0(1+\delta_0)^{K_\alpha} - 1$$

程序中所用到的主要函数见表 7-6。

表 7-6　*solve( )*函数简介

功能	*solve* 函数
原型	*solve*（*eqns*，*vars*）；
参数	变量组 *vars*，方程组 *eqns*
返回	变量组 *vars* 的值

运行结果如图 7-20 所示。

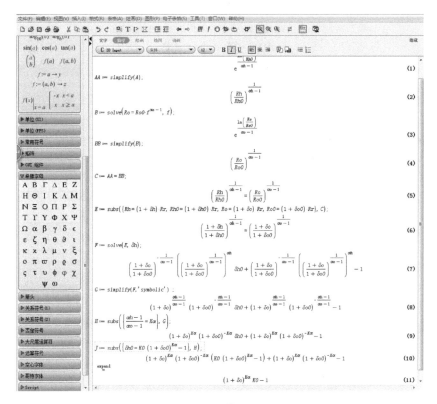

图 7-20　解析型的 D 和 ^{18}O 关系线程序运行图

参 考 文 献

迟宝明. 2004. 地下水动力学习题集. 北京：科学出版社.

顾慰祖，庞忠和，王全九，等. 2011. 同位素水文学. 北京：科学出版社.

何青，王丽芬. 2015. Maple 教程. 北京：科学出版社.

黄锡荃. 1985. 水文学. 北京：高等教育出版社.

李世奇，杜慧琴. 1999. Maple 计算机代数系统应用及程序设计. 重庆：重庆大学出版社.

沈晋，沈冰，李怀恩. 1992. 环境水文学. 合肥：安徽科学技术出版社.

薛禹群. 1997. 地下水动力学. 2 版. 北京：地质出版社.

詹道江，叶守泽. 2005. 工程水文学. 北京：中国水利水电出版社.

Graham P. 2011. 黑客与画家. 北京：人民邮电出版社.

Majoube M. 1971. Fractionnement en oxygene-18 et en deuterium entre l'eau etsa vapeur. The Journal of Chemical Physics，68（7/8）：1423-1436.

Sharp J J，Sawden P G. 1984. Basic Hydrology. London：Butterworth-Heinemann.

附表 1 皮尔逊 III（P-III）型曲线的模比系数 Kp 值表 $C_S = 2C_V$

C_V	P/%																C_S
	0.01	0.1	0.2	0.33	0.5	1	2	5	10	20	50	75	80	90	95	99	
0.05	1.20	1.16	1.15	1.14	1.13	1.12	1.11	1.08	1.06	1.04	1.00	0.97	0.96	0.94	0.92	0.89	0.10
0.10	1.42	1.34	1.31	1.29	1..27	1.25	1.21	1.11	1.08	1.06	1.00	0.93	0.9	0.87	0.84	0.78	0.20
0.15	1.67	1.54	1.48	1.46	1.43	1.38	1.33	1.26	1.20	1.12	0.99	0.90	0.86	0.81	0.77	0.69	0.30
0.18	1.82	1.65	1.59	1.56	1.53	1.46	1.40	1.31	1.23	1.14	0.99	0.88	0.83	0.77	0.73	0.63	
0.20	1.92	1.73	1.67	1.63	1.59	1.52	1.45	1.35	1.25	1.16	0.99	0.86	0.81	0.75	0.7	0.59	0.40
0.22	2.04	1.82	1.75	1.70	1.66	1.58	1.50	1.39	1.29	1.18	0.98	0.84	0.79	0.73	0.67	0.56	0.44
0.24	2.16	1.91	1.83	1.77	1.73	1.64	1.55	1.43	1.32	1.19	0.98	0.83	0.8	0.71	0.64	0.53	0.48
0.25	2.22	1.96	1.87	1.81	1.77	1.67	1.58	1.45	1.33	1.20	0.98	0.82	0.76	0.70	0.63	0.52	0.50
0.26	2.28	2.01	1.91	1.85	1.80	1.70	1.60	1.46	1.34	1.21	0.98	0.82	0.76	0.69	0.62	0.50	0.52
0.28	2.40	2.10	2.00	1.93	1.87	1.76	1.66	1.50	1.37	1.22	0.97	0.79	0.73	0.66	0.59	0.47	0.56
0.30	2.52	2.19	2.08	2.01	1.94	1.83	1.71	1.54	1.40	1.24	0.97	0.78	0.71	0.64	0.56	0.44	0.60
0.35	2.86	2.44	2.31	2.22	2.13	2.00	1.84	1.64	1.47	1.28	0.98	0.75	0.67	0.59	0.51	0.37	0.70
0.40	3.20	2.70	2.54	2.42	2.32	2.15	1.98	1.74	1.54	1.31	0.95	0.71	0.62	0.53	0.45	0.30	0.80
0.45	3.59	2.98	2.8	2.65	2.53	2.33	2.13	1.84	1.60	1.35	0.93	0.67	0.58	0.48	0.40	0.26	0.90
0.50	3.98	3.27	3.05	2.88	2.74	2.51	2.27	1.94	1.67	1.38	0.92	0.64	0.54	0.44	0.34	0.21	1.00
0.55	4.42	3.28	3.32	3.12	2.97	2.70	2.42	2.04	1.74	1.41	0.60	0.59	0.50	0.40	0.30	0.16	1.10
0.60	4.85	3.89	3.59	3.37	3.20	2.89	2.57	2.15	1.80	1.44	0.89	0.56	0.46	0.35	0.26	0.13	1.20
0.65	5.33	4.22	3.89	3.64	3.44	3.09	2.74	2.25	1.87	1.47	0.87	0.52	0.42	0.31	0.22	0.10	1.30
0.70	5.81	4.56	4.19	3.91	3.68	3.29	2.90	2.36	1.94	1.50	0.85	0.49	0.38	0.27	0.18	0.08	1.40
0.75	6.33	4.93	4.52	4.19	3.93	3.50	3.06	2.46	2.00	1.52	0.82	0.45	0.35	0.24	0.15	0.06	1.50
0.80	6.85	5.30	4.84	4.47	4.19	3.71	3.22	2.57	2.06	1.54	0.80	0.42	0.32	0.21	0.12	0.04	1.60
0.90	7.98	6.08	5.51	5.07	4.74	4.15	3.56	2.78	2.19	1.58	0.75	0.35	0.25	0.15	0.08	0.02	1.80

注：引自 https://wenku.baidu.com/view/ecaaff52af45b307e9719733.html

附表 2 皮尔逊 III（P-III）型曲线的模比系数 Kp 值表 $C_S = 3C_V$

C_V	P/%																C_S
	0.01	0.1	0.2	0.33	0.5	1	2	5	10	20	50	75	80	90	95	99	
0.20	2.02	1.79	1.72	1.67	1.63	1.55	1.47	1.33	1.27	1.16	0.98	0.86	0.81	0.76	0.71	0.62	0.60
0.25	2.35	2.05	1.95	1.88	1.82	1.72	1.61	1.46	1.34	1.20	0.97	0.82	0.77	0.71	0.65	0.56	0.75
0.30	2.72	2.32	2.19	2.10	2.02	1.89	1.75	1.56	1.40	1.23	0.96	0.78	0.72	0.66	0.60	0.50	0.90
0.35	3.12	2.61	2.46	2.33	2.24	2.07	1.90	1.66	1.47	1.26	0.94	0.74	0.68	0.61	0.55	0.46	1.05
0.40	3.56	2.92	2.73	2.58	2.46	2.26	2.05	1.76	1.54	1.29	0.92	0.70	0.64	0.57	0.50	0.42	1.20
0.42	3.75	3.06	2.85	2.69	2.56	2.34	2.11	1.81	1.56	1.31	0.91	0.69	0.62	0.55	0.49	0.41	1.26
0.44	3.94	3.19	2.97	2.80	2.66	2.42	2.17	1.85	1.59	1.32	0.91	0.67	0.61	0.54	0.47	0.40	1.32
0.45	4.04	3.26	3.03	2.85	2.70	2.46	2.21	1.87	1.60	1.32	0.80	0.67	0.60	0.53	0.47	0.39	1.35
0.46	4.14	3.33	3.09	2.90	2.75	2.50	2.24	1.89	1.61	1.33	0.90	0.66	0.59	0.52	0.46	0.39	1.38
0.48	4.34	3.47	3.21	3.01	2.85	2.58	2.31	1.93	1.65	1.34	0.89	0.65	0.58	0.51	0.45	0.38	1.44
0.5	4.56	3.62	3.34	3.12	2.93	2.67	2.37	1.98	1.67	1.35	0.88	0.64	0.57	0.49	0.44	0.37	1.50
0.52	4.76	3.76	3.46	3.24	3.06	2.75	2.44	2.02	1.69	1.35	0.87	0.62	0.55	0.48	0.42	0.36	1.56
0.54	4.98	3.91	3.60	3.36	3.16	2.84	2.51	2.06	1.72	1.36	0.86	0.61	0.54	0.47	0.41	0.36	1.62
0.55	5.09	3.99	3.66	3.42	3.21	2.88	2.54	2.08	1.73	1.36	0.86	0.60	0.53	0.46	0.41	0.36	1.65
0.56	5.20	4.07	3.73	3.48	3.27	2.93	2.57	2.10	1.74	1.37	0.85	0.59	0.53	0.46	0.40	0.35	1.68
0.58	5.43	4.23	3.86	3.59	3.33	3.01	2.64	2.14	1.77	1.38	0.84	0.58	0.52	0.45	0.40	0.35	1.74
0.60	5.66	4.38	4.01	3.71	3.49	3.10	2.71	2.19	1.79	1.38	0.83	0.57	0.51	0.44	0.39	0.35	1.80
0.65	6.26	4.81	4.36	4.03	3.77	3.33	2.88	2.29	1.85	1.40	0.80	0.53	0.47	0.41	0.37	0.34	1.95
0.70	6.90	5.23	4.73	4.35	4.06	3.56	3.05	2.40	1.90	1.41	0.78	0.50	0.45	0.39	0.36	0.34	2.10
0.75	7.57	5.68	5.12	4.59	4.36	3.80	3.24	2.50	1.95	1.42	0.76	0.48	0.43	0.38	0.35	0.34	2.25
0.80	8.26	6.14	5.50	5.04	4.65	4.05	3.42	2.61	2.01	1.43	0.72	0.46	0.41	0.36	0.34	0.34	2.40

附表3 皮尔逊 III（P-III）型曲线的模比系数 K_p 值表 $C_S = 3.5 C_V$

C_V	P/%																C_S
	0.01	0.1	0.2	0.33	0.5	1	2	5	10	20	50	75	80	90	95	99	
0.20	2.06	1.82	1.74	1.69	1.64	1.56	1.48	1.36	1.27	1.16	0.98	0.86	0.81	0.76	0.72	0.64	0.70
0.25	2.42	2.09	1.99	1.91	1.85	1.74	1.62	1.46	1.34	1.19	0.96	0.82	0.77	0.71	0.66	0.58	0.88
0.30	2.82	2.38	2.24	2.14	2.06	1.92	1.77	1.57	1.40	1.23	0.95	0.78	0.73	0.67	0.61	0.53	1.05
0.35	3.26	2.70	2.52	2.39	2.29	2.11	1.92	1.67	1.47	1.26	0.93	0.74	0.68	0.62	0.57	0.50	1.23
0.40	3.75	3.04	2.82	2.86	2.58	2.31	2.08	1.78	1.53	1.28	0.91	0.71	0.65	0.53	0.50	0.47	1.40
0.42	3.95	3.18	2.95	2.77	2.63	2.39	2.15	1.82	1.56	1.29	0.90	0.69	0.63	0.57	0.52	0.46	1.47
0.44	4.16	3.33	3.08	2.88	2.73	2.48	2.21	1.86	1.59	1.30	0.89	0.68	0.62	0.56	0.51	0.46	1.54
0.45	4.27	3.40	3.21	3.00	2.84	2.56	2.28	1.90	1.61	1.31	0.88	0.66	0.60	0.54	0.50	0.45	1.58
0.46	4.37	3.48	3.21	3.00	2.84	2.56	2.28	1.90	1.61	1.31	0.88	0.66	0.60	0.54	0.50	0.45	1.61
0.48	4.60	3.63	3.35	3.12	2.94	2.65	2.35	1.95	1.64	1.32	0.87	0.65	0.59	0.53	0.49	0.45	1.68
0.49	4.11	3.71	3.42	3.18	3.00	2.70	2.39	1.97	1.65	1.32	0.87	0.65	0.59	0.53	0.49	0.45	1.72
0.50	4.82	3.78	3.48	3.24	3.06	2.74	2.42	1.99	1.66	1.32	0.86	0.65	0.58	0.52	0.48	0.44	1.75
0.52	5.06	3.95	3.62	3.36	3.16	2.83	2.48	2.03	1.69	1.33	0.85	0.63	0.57	0.51	0.47	0.44	1.82
0.54	5.30	4.11	3.76	3.48	3.28	2.91	2.55	2.07	1.71	1.34	0.84	0.61	0.56	0.50	0.47	0.44	1.89
0.55	5.41	4.20	3.83	3.55	3.34	2.96	2.58	2.10	1.72	1.34	0.84	0.60	0.55	0.50	0.46	0.44	1.93
0.56	5.55	4.28	3.91	3.61	3.39	3.01	2.62	2.12	1.73	1.35	0.83	0.60	0.55	0.49	0.46	0.43	1.96
0.58	5.80	4.45	4.05	3.74	3.51	3.10	2.69	2.16	1.75	1.35	0.82	0.58	0.53	0.48	0.46	0.43	2.03
0.60	6.06	4.62	4.20	3.87	3.62	3.20	2.76	2.20	1.77	1.35	0.81	0.57	0.53	0.48	0.45	0.43	2.10
0.65	6.73	5.08	4.58	4.22	3.92	3.44	2.94	2.30	1.83	1.36	0.78	0.55	0.51	0.46	0.44	0.43	2.28
0.70	7.43	5.54	4.98	4.56	4.26	3.68	3.12	2.41	1.83	1.37	0.75	0.53	0.49	0.45	0.44	0.43	2.45
0.75	8.16	6.02	5.38	4.92	4.55	3.92	3.30	2.51	1.92	1.37	0.72	0.50	0.47	0.44	0.43	0.43	2.63
0..80	8.91	6.53	5.81	5.29	4.87	4.18	3.49	2.61	1.97	1.37	0.70	0.49	0.47	0.44	0.43	0.43	2.80

附表 4 皮尔逊 III（P-III）型曲线的模比系数 Kp 值表 $C_S = 4C_V$

C_V	P/%																C_S
	0.01	0.1	0.2	0.33	0.5	1	2	5	10	20	50	75	80	90	95	99	
0.20	2.00	1.85	1.77	171	1.66	1.58	1.49	1.37	1.27	1.16	0.97	0.85	0.81	0.77	0.72	0.65	0.80
0.25	2.49	2.13	2.02	1.94	1.87	1.76	1.64	1.47	1.34	1.19	0.96	0.82	0.77	0.72	0.67	0.60	1.00
0.30	2.92	2.44	2.30	2.18	2.10	1.94	1.79	1.57	1.40	1.22	0.94	0.78	0.73	0.68	0.63	0.56	1.20
0.35	3.40	2.78	2.60	2.45	2.34	2.14	1.95	1.68	1.47	1.25	0.92	0.74	0.69	0.64	0.59	0.54	1.40
0.40	3.92	3.15	2.92	2.74	2.60	2.36	2.11	1.78	1.53	1.27	0.90	0.71	0.66	0.30	0.56	0.52	1.60
0.42	4.15	3.30	3.05	2.86	2.70	2.44	2.18	1.83	1.56	1.28	0.89	0.70	0.65	0.59	0.55	0.52	1.68
0.44	4.38	3.46	3.19	2.98	2.81	2.53	2.25	1.87	1.58	1.29	0.88	0.68	0.63	0.58	0.55	0.51	1.76
0.45	4.42	3.54	3.25	3.03	2.87	2.58	2.28	1.89	1.59	1.29	0.87	0.68	0.63	0.58	0.54	0.51	1.80
0.46	4.62	3.62	3.32	3.10	2.92	2.62	2.32	1.91	1.61	1.29	0.87	0.67	0.62	0.57	0.54	0.51	1.84
0.48	4.86	3.79	3.47	3.22	3.04	2.71	2.39	1.96	1.63	1.30	0.86	0.66	0.61	0.56	0.53	0.51	1.92
0.50	5.10	3.96	3.61	3.35	3.15	2.80	2.45	2.00	1.65	1.31	0.84	0.64	0.60	0.55	0.53	0.50	2.00
0.52	5.36	4.12	3.76	3.48	3.27	2.90	2.52	2.04	1.67	1.31	0.83	0.63	0.59	0.55	0.52	0.50	2.08
0.54	5.62	4.30	3.91	3.61	3.38	2.99	2.59	2.08	1.69	1.31	0.82	0.62	0.58	0.54	0.52	0.50	2.16
0.55	5.76	4.39	3.99	3.68	3.44	3.03	2.63	2.10	1.70	1.31	0.82	0.62	0.58	0.54	0.52	0.50	2.20
0.56	5.90	4.48	4.06	3.75	3.50	3.09	2.66	2.12	1.71	1.31	0.81	0.61	0.57	0.53	0.51	0.50	2.24
0.58	6.18	4.67	4.22	3.89	3.62	3.19	2.74	2.16	1.74	1.32	0.80	0.60	0.57	0.53	0.51	0.50	2.32
0.60	6.45	4.85	4.38	4.03	3.75	3.29	2.81	2.21	1.76	1.32	0.79	0.59	0.56	0.52	0.51	0.50	2.40
0.65	7.18	5.34	4.78	4.38	4.07	3.53	2.99	2.31	1.80	1.32	0.76	0.57	0.54	0.51	0.50	0.50	2.60
0.70	7.95	5.84	5.21	4.75	4.39	3.78	3.18	2.41	1.85	1.32	0.73	0.55	0.53	0.51	0.50	0.50	2.80
0.75	8.76	6.36	5.65	5.13	4.72	4.03	3.36	2.50	1.88	1.32	0.71	0.54	0.53	0.51	0.50	0.50	3.00
0.80	9.62	6.90	6.11	5.53	5.06	4.30	3.55	2.60	1.91	1.30	0.68	0.53	0.52	0.50	0.50	0.50	3.20

后　记

我看宋丹丹的小品，记得有一句台词："……公鸡中的战斗机"。具体到科研领域，有没有这种功能强大的"战斗机"呢？

当年我在河海大学攻读博士学位写论文的时候，经常为一些复杂的常微分和偏微分方程的求解而苦恼。

虽然我们上课的时候也学过"数学物理方程""偏微分方程的数值解法"等课程，但是一到拿起题目来，自己动手推导时，限于自身水平，总是感觉力不从心——草稿纸用了一大摞，累得头昏脑涨，算错了还要从头再来。正当感觉前路一片迷茫的时候，彼时就读于南京水利科学研究院的王宗志博士力荐我学习数学软件 Maple，以此作为工具来解决科研中的问题。

Maple 软件的大名我也早已听说过，但从未真正使用过，在王宗志博士的力推下，我开始尝试用其解决水文中的各种计算问题，尤其是毕业论文中所涉及的符号计算问题。此后，感觉 Maple 软件的使用使科研效率得到了显著的提高，用时髦的网络用语来说，就像玩游戏时"开了挂"。

从河海大学毕业之后，我去一所高校教书。每年在教本科生"水文学基础"、"环境水文学"、"水资源规划与管理"以及研究生的某些数学课程时，总不忘向他们隆重推荐数学软件 Maple。正如博士研究生时期，王宗志博士向我推荐一样。

这些在之前仅仅接触过 VB、VC、SPSS 等软件的同学，在用了 Maple 软件之后，往往发出这样的感叹："老师，这软件好强大啊，你怎么不早跟我说？"

在学生写毕业论文时，我也推荐他们用这个工具来解决毕业设计中的问题。久而久之，我萌生了一种念头，既然已经用 Maple 解决了这么多的水文问题，何不把它总结一下，并公之于众，让大家都来用这个科研中的"战斗机"呢？特别是目前，尚未有一本专门面向水文学领域的 Maple 应用方面的著作问世。

鉴于此，我们不揣浅陋，写了这本小册子，以见教于大方。

本书仅涉及一些 Maple 功能的基本应用，如在微分方程领域，仅涉及常微分方程，未涉及偏微分方程；在水文学领域，仅涉及降水与蒸发、地表水、地下水、水文统计与水文预报、水污染及水质模型、同位素水文学等不同分支中较为基础的内容。因此，本书内容易于掌握，比较适合水文学专业的本科生学习。同时，也可以作为研究生和科研人员利用 Maple 软件解决水文问题的入门级参考教程。

其余的一些高级功能，如扩展 Maple 命令、返回子程序的子程序等内容，本书并未过多涉及，还需读者在熟悉软件之后，自行探索。

　　如果本书能让你快速步入应用 Maple 软件解决水文问题的大门，并切实提高你的工作和科研效率，让你的工作和科研体验更 high 一些，作者的初衷也便达到了。

童海滨

2019 年 8 月 31 日于日照